W0329616

FiNALEonline.de

FiNALEonline.de ist die digitale Ergänzung zu deinem Arbeitsbuch. Hier findest du eine Vielzahl an Angeboten, die dich zusätzlich bei deiner Prüfungsvorbereitung in Mathematik unterstützen!

Das Plus für deine Prüfungsvorbereitung:

- über 50 Lernvideos mit Schritt-für-Schritt-Erklärungen
- Original-Prüfungsaufgaben mit Lösungen (bitte Code von S. 2 eingeben)
- Tipps zur Prüfungsvorbereitung, die das Lernen erleichtern

Online-Grundlagentraining

Du hast noch Lücken aus den vorherigen Schuljahren? Kein Problem! Das Online-Grundlagentraining auf FiNALEonline.de hilft dir dabei, wichtigen Lernstoff nachzuarbeiten und zu wiederholen.
Und so funktioniert es:

Für das Fach Mathematik stehen dir über 100 Aufgaben zu prüfungsrelevanten Grundlagen in kurzen Trainingseinheiten zur Verfügung.

Unser Tipp für Lehrerinnen und Lehrer:
Nutzen Sie unsere vielfältigen Arbeitsblätter auch für Ihren Unterricht.

Für Lehrerinnen und Lehrer:
Die Lehrerhandreichung für den optimalen Einsatz der Arbeitsbücher im Unterricht zum kostenlosen Download!

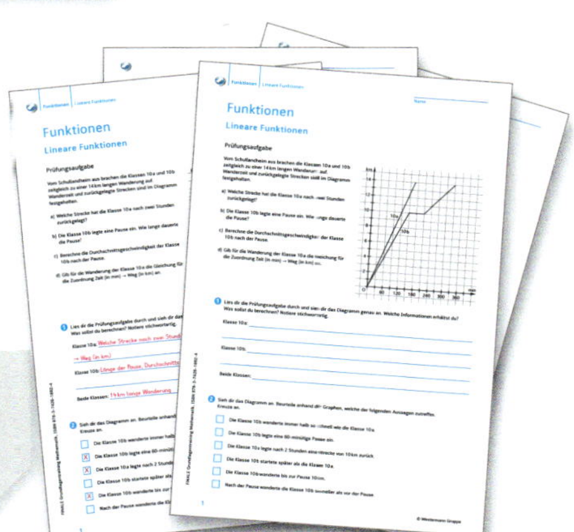

Du übst lieber auf Papier? Dann klicke auf „PDF" und drucke dir die gewünschte Trainingseinheit einfach aus.

Das neue FiNALE Grundlagentraining Mathematik

FiNALE Grundlagentraining ist die ideale Ergänzung zu diesem Arbeitsbuch. Es bietet eine große Auswahl an Materialien, mit deren Hilfe du prüfungsrelevantes Grundlagenwissen auffrischen und aktiv trainieren kannst.

Folgende Inhalte werden im neuen Band behandelt:

- → Arithmetik/Algebra, Funktionen, Geometrie, Stochastik
- → die wichtigsten Begriffe und Symbole
- → Größen, Umrechnungen und Zehnerpotenzen

Mit Formelsammlung und anschaulichen Lösungen

Foto: © stock.adobe.com, Dublin, jakkapan

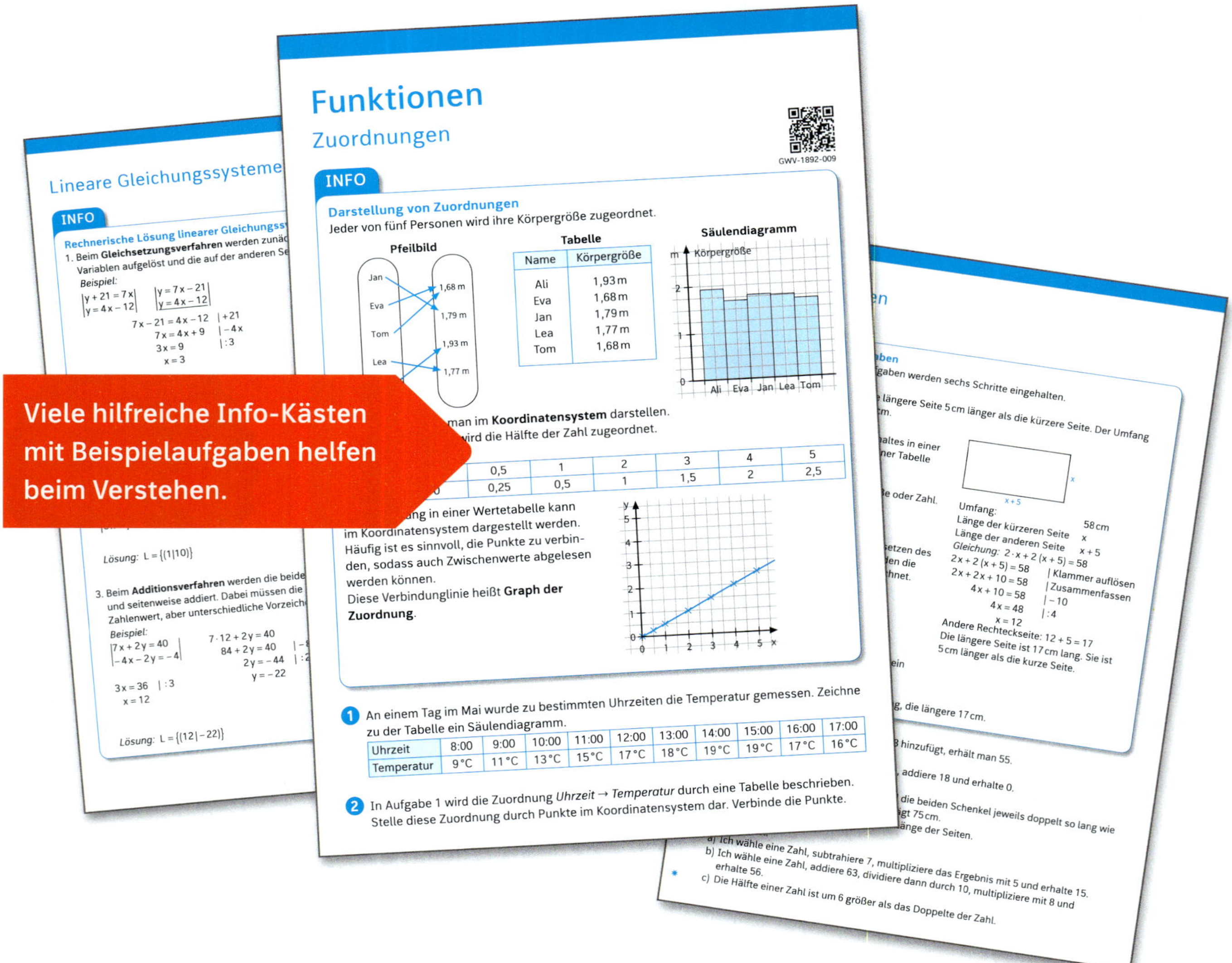

BESTELL-NR.	TITEL	PREIS
978-3-7426-1892-4	FiNALE Grundlagentraining Mathematik	13,95 €

FiNALE Grundlagentraining gibt es auch für die Fächer Deutsch und Englisch.

westermann

FiNALE Prüfungstraining

Niedersachsen

Abschluss
10. Klasse Realschule
Mathematik

2021

Bernhard Humpert
Prof. Dr. Dominik Leiss
Dr. Martina Lenze
Dr. Bernd Liebau
Ursula Schmidt
Peter Welzel

FiNALEonline.de

Liebe Schülerin, lieber Schüler,

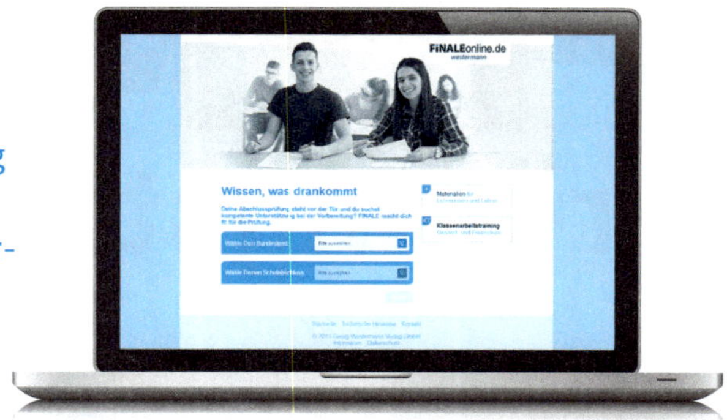

sobald die Original-Prüfungsaufgaben zur Veröffentlichung freigegeben sind, können sie unter www.finaleonline.de zusammen mit ausführlichen Lösungen kostenlos heruntergeladen werden. Gib dazu einfach diesen Code ein:

MAt82kn

Einfach mal reinschauen: www.finaleonline.de

Bildquellennachweis
Arbeitsbuch:
|Imago, Berlin: ActionPictures 48; Focus Images 48; Wölk, Rüdiger 101. |Leiss, Prof. Dr. Dominik, Lüneburg: 51, 77, 77. |Lenze, Dr. Martina, Berlin: 59, 65, 87. |Microsoft Deutschland GmbH, München: 7, 18, 18, 18, 40, 51, 76, 76, 76, 76, 80. |Peter Wirtz Fotografie, Dormagen: Titel, 2. |Picture-Alliance GmbH, Frankfurt/M.: dpa 47; Hoermann, Frank/Simon, Sven 15; Perth Mint 47. |Schmidt, U., Kamen: 84. |stock.adobe.com, Dublin: piotrszczepanek 94. |wikimedia.commons: CC-Lizenz 1.0 65.

Lösungsheft:
|Microsoft Deutschland GmbH, München: 9.

Wir arbeiten sehr sorgfältig daran, für alle verwendeten Abbildungen die Rechteinhaberinnen und Rechteinhaber zu ermitteln. Sollte uns dies im Einzelfall nicht vollständig gelungen sein, werden berechtigte Ansprüche selbstverständlich im Rahmen der üblichen Vereinbarungen abgegolten.

westermann GRUPPE

Druck A[1] / Jahr 2020
Alle Drucke der Serie A sind im Unterricht parallel verwendbar.

Redaktion: Dr. Heike Bütow
Kontakt: finale@westermanngruppe.de
Layout: Druckreif! Sandra Grünberg, Braunschweig
Umschlaggestaltung: Gingco.Net, Braunschweig
Umschlagfoto: Peter Wirtz, Dormagen
Zeichnungen: Peter Langner; Illustrationen: Dietmar Griese, Carla Miller
Druck und Bindung: Westermann Druck GmbH, Braunschweig

ISBN 978-3-7426-**2128**-3

Inhaltsverzeichnis

Aufgaben, die mit [Taschenrechner-Symbol durchgestrichen] gekennzeichnet sind, sollten ohne Taschenrechner bearbeitet werden.

Vorwort – So arbeitest du mit FiNALE

Liebe Schülerin, lieber Schüler!

Dieses **FiNALE**-Arbeitsbuch mit dem beiliegenden Lösungsheft hilft dir, dich selbstständig auf die Abschlussprüfung am Ende des Schuljahres 2020/21 vorzubereiten. Das Arbeitsbuch besteht aus drei Teilen.

- TEIL A – BASISAUFGABEN
- TEIL B – KOMPLEXE AUFGABEN
- TEIL C – PRÜFUNGSAUFGABEN

TEIL A – BASISAUFGABEN

Im **Eingangstest** kannst du testen, wie gut dein Grundwissen schon ist.

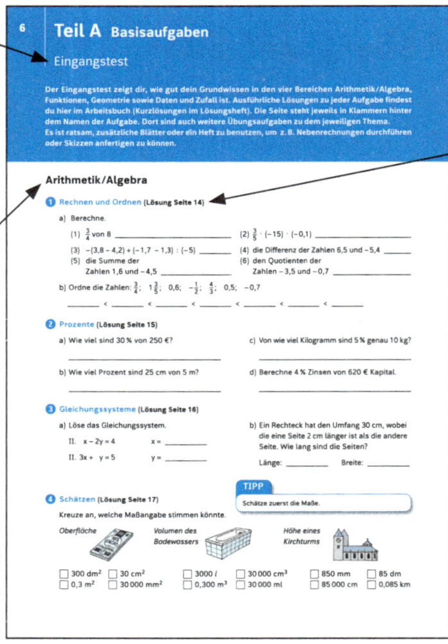

Jede Aufgabe hat eine Überschrift. Dahinter steht, wo du hier im Arbeitsbuch die **Lösung** zu dieser Aufgabe und weitere **Übungsaufgaben** findest.

Die Aufgaben sind thematisch sortiert:
- Arithmetik/Algebra
- Funktionen
- Geometrie
- Daten und Zufall

Die **Selbsteinschätzung** hilft dir herauszufinden, wo du noch besonders üben musst.

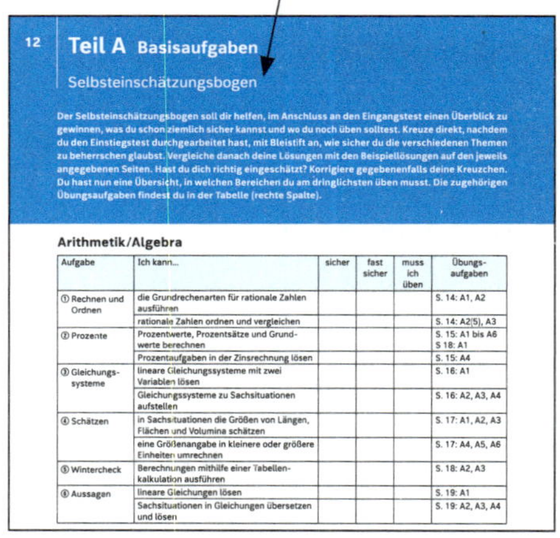

Der Link neben den Lösungen der Aufgaben aus dem Eingangstest führt zu einem **Video.** In dem Video wird dir die Lösung noch einmal Schritt für Schritt erklärt.

Die weiteren **Übungsaufgaben** sind ebenfalls thematisch sortiert.

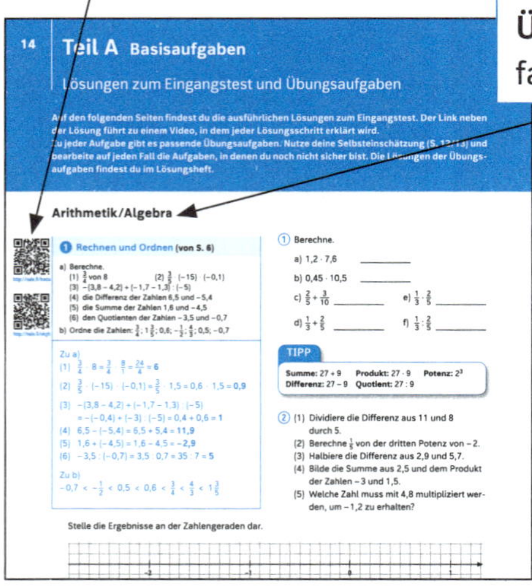

Der **Abschlusstest** soll dir zeigen, wie viel du bereits im Vergleich zum Einstiegstest gelernt hast.
Die Aufgaben sind hier nicht nach Themen sortiert.

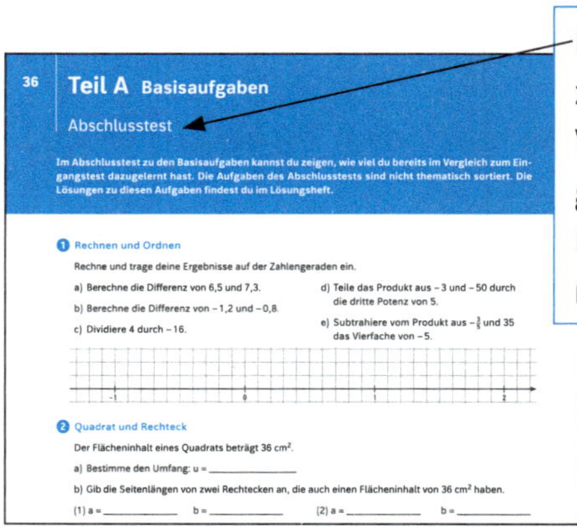

TEIL B – KOMPLEXE AUFGABEN

Die **komplexen Aufgaben** sind ein besonderes Training. Die Aufgaben sind, wie in der Prüfung, nicht thematisch sortiert.

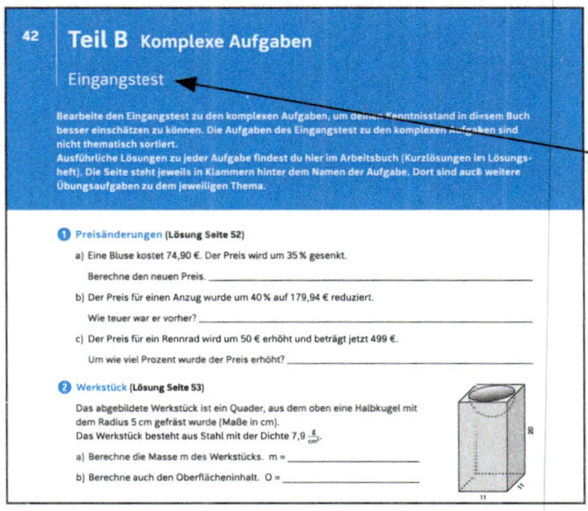

Der Teil B ist ähnlich wie der Teil A aufgebaut. Es gibt einen **Eingangstest** und zu jeder Aufgabe weitere **Übungen.**

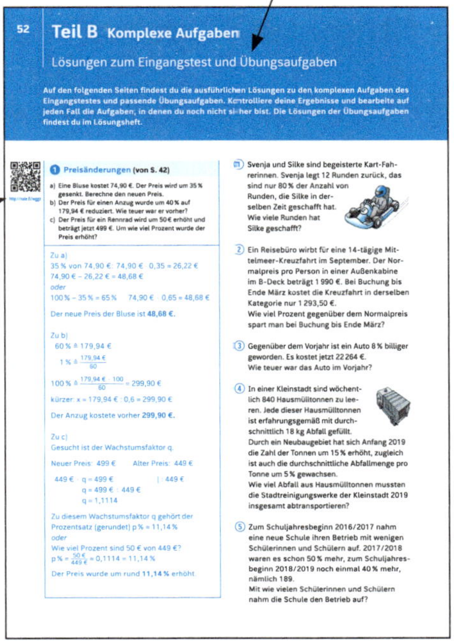

Der **Abschlusstest** zeigt dir am Ende von Teil B, wie gut du auf die Prüfung vorbereitet bist.

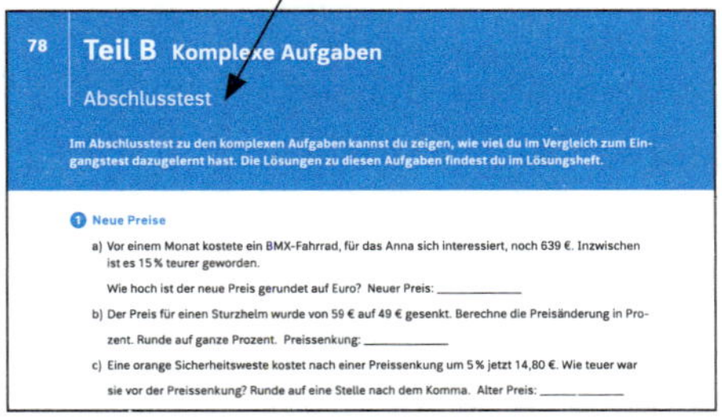

Der Link neben den Lösungen der Aufgaben aus dem Eingangstest führt wieder zu einem **Video.**

TEIL C – PRÜFUNGSAUFGABEN

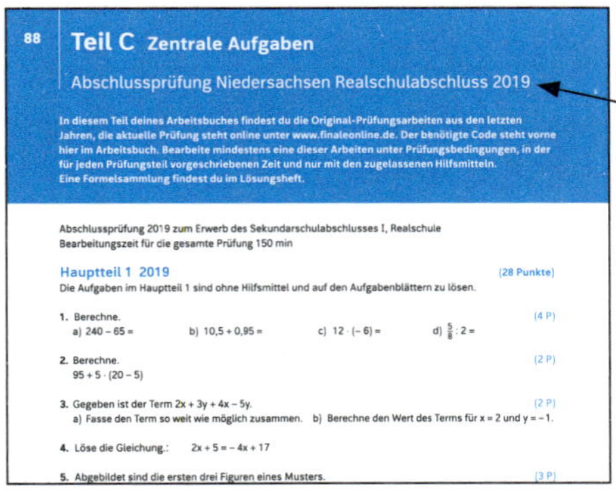

Hier sind **Original-Prüfungsarbeiten** aus den letzten Jahren abgedruckt. Mindestens eine dieser Arbeiten solltest du unter Prüfungsbedingungen bearbeiten, in der vorgeschriebenen Zeit und nur mit den zugelassenen Hilfsmitteln.

WEITERE HINWEISE

Eine **Formelsammlung**, die auch bei der Abschlussprüfung zugelassen ist, findest du im **Lösungsheft.**
Unter **www.finaleonline.de** ist ein Übungstagebuch, mit dem du deine Prüfungsvorbereitung gut organisieren kannst.
Hast du noch Lücken aus den vorherigen Schuljahren? Dann empfehlen wir dir das **FiNALE** Grundlagentraining Mathematik (ISBN 978-3-7426-1892-4). Es bietet prüfungsrelevantes Grundlagenwissen zum Nachschlagen und Üben. Ergänzend dazu findest du unter **www.finaleonline.de/grundlagentraining** ein kostenloses Online-Training bestehend aus interaktiven Übungsaufgaben und Arbeitsblättern zum Ausdrucken.

Wir wünschen dir viel Erfolg bei deiner Abschlussprüfung!
Dein **FiNALE**-Team

Teil A Basisaufgaben

Eingangstest

Der Eingangstest zeigt dir, wie gut dein Grundwissen in den vier Bereichen Arithmetik/Algebra, Funktionen, Geometrie sowie Daten und Zufall ist. Ausführliche Lösungen zu jeder Aufgabe findest du hier im Arbeitsbuch (Kurzlösungen im Lösungsheft). Die Seite steht jeweils in Klammern hinter dem Namen der Aufgabe. Dort sind auch weitere Übungsaufgaben zu dem jeweiligen Thema.
Es ist ratsam, zusätzliche Blätter oder ein Heft zu benutzen, um z. B. Nebenrechnungen durchführen oder Skizzen anfertigen zu können.

Arithmetik/Algebra

1 Rechnen und Ordnen **(Lösung Seite 14)**

a) Berechne.

(1) $\frac{3}{4}$ von 8 ____________

(2) $\frac{3}{5} \cdot (-15) \cdot (-0{,}1)$ ____________

(3) $-(3{,}8 - 4{,}2) + (-1{,}7 - 1{,}3) : (-5)$ ____________

(4) die Differenz der Zahlen 6,5 und –5,4 ____________

(5) die Summe der Zahlen 1,6 und –4,5 ____________

(6) den Quotienten der Zahlen –3,5 und –0,7 ____________

b) Ordne die Zahlen: $\frac{3}{4}$; $1\frac{3}{5}$; 0,6; $-\frac{1}{2}$; $\frac{4}{3}$; 0,5; –0,7

____ < ____ < ____ < ____ < ____ < ____ < ____

2 Prozente **(Lösung Seite 15)**

a) Wie viel sind 30 % von 250 €?

____

b) Wie viel Prozent sind 25 cm von 5 m?

____

c) Von wie viel Kilogramm sind 5 % genau 10 kg?

____

d) Berechne 4 % Zinsen von 620 € Kapital.

____

3 Gleichungssysteme **(Lösung Seite 16)**

a) Löse das Gleichungssystem.

II. $x - 2y = 4$ x = ____________

II. $3x + y = 5$ y = ____________

b) Ein Rechteck hat den Umfang 30 cm, wobei die eine Seite 2 cm länger ist als die andere Seite. Wie lang sind die Seiten?

Länge: ____________ Breite: ____________

TIPP

Schätze zuerst die Maße.

4 Schätzen **(Lösung Seite 17)**

Kreuze an, welche Maßangabe stimmen könnte.

Oberfläche

☐ 300 dm² ☐ 30 cm²
☐ 0,3 m² ☐ 30 000 mm²

Volumen des Badewassers

☐ 3000 l ☐ 30 000 cm³
☐ 0,300 m³ ☐ 30 000 ml

Höhe eines Kirchturms

☐ 850 mm ☐ 85 dm
☐ 85 000 cm ☐ 0,085 km

5 Wintercheck (Lösung Seite 18)

Frau König lässt ihr Auto in der Werkstatt auf den Winter vorbereiten. Für Materialien und Arbeitsleistungen erstellt die Werkstatt die Rechnung mithilfe einer Tabellenkalkulation.

	A	B	C	D
1	**Artikelbezeichnung**	**Menge**	**Einzelpreis**	**Gesamtpreis**
2				
3	Reifen 195/65R WinterGrip	4	70,92 €	283,68 €
4	Glühlampen	2	2,03 €	4,06 €
5	Motoröl (in Liter)	1,5		24,75 €
6				
7	Winterräder montieren			18,91 €
8	Wintercheck durchführen			16,72 €
9				
10	**Zwischensumme**			348,12 €
11	Mehrwertsteuer (in %)	19		66,14 €
12				
13	**Rechnungsbetrag**			414,26 €
14				

a) In welcher Zelle findest du den Einzelpreis für einen Reifen? ______________

b) Gib an, wie teuer 1 Liter Motoröl (ohne MwSt.) ist. ______________

c) Gib eine Formel für die Zelle D10 an. ______________

d) Welche Formeln könnten in D11 stehen? Kreuze alle richtigen an.

☐ = D10 * 0,19 ☐ = D10 / B11*100 ☐ = D10*B11/100 ☐ = 348,12 € / B11

6 Aussagen (Lösung Seite 19)

a) Welche der folgenden Sachtexte passen zu der Gleichung $x + (x - 4) = 60$? Kreuze an.
b) Löse die Gleichung $x + (x - 4) = 60$.

1	Vera ist vier Jahre jünger als Max. Zusammen sind sie 60 Jahre alt.	☐ Ja	☐ Nein
2	Eine Lostrommel enthält viermal so viele Nieten wie Gewinnlose. Insgesamt sind 60 Lose in der Trommel.	☐ Ja	☐ Nein
3	Familie Maier legt auf ihrer zweitägigen Radtour insgesamt 60 km zurück. Am zweiten Tag fahren sie 4 km weniger als am ersten Tag.	☐ Ja	☐ Nein
4	Ein 60 m^2 großer Saal wird mit Parkett ausgelegt. Länge und Breite des Raumes unterscheiden sich um 4 Meter.	☐ Ja	☐ Nein

Funktionen

7 Zuordnungen (Lösung Seite 20)

In welchem Graphen erkennst du proportionale (p) oder antiproportionale (a) Zuordnungen? Wo liegt keines von beiden (k) vor? Kreuze jeweils p, a oder k an.

a)	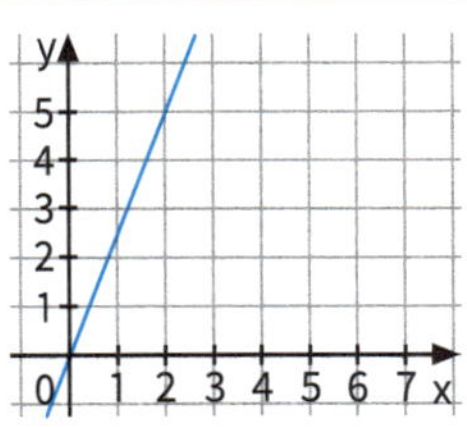	☐ p ☐ a ☐ k	b)	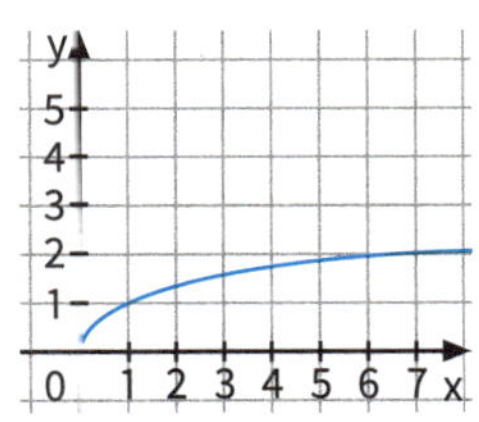	☐ p ☐ a ☐ k
c)	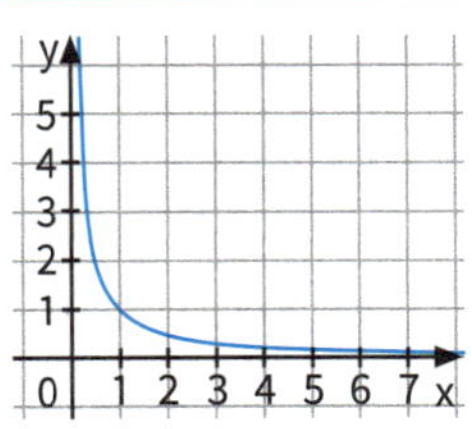	☐ p ☐ a ☐ k	d)	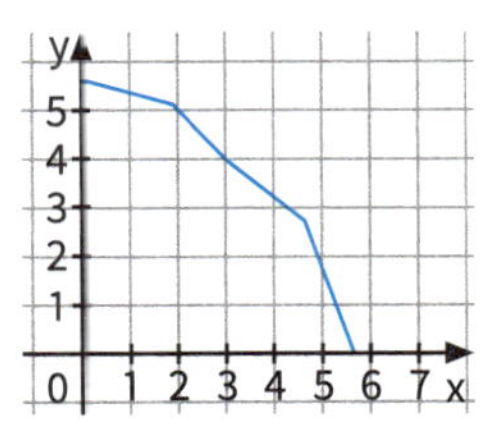	☐ p ☐ a ☐ k

8 Gleichungen und Graphen **(Lösung Seite 21)**

Ordne den Graphen (g_1, g_2, …g_6) die zugehörige Funktionsgleichung zu. Zwei Gleichungen passen zu keinem Graphen.

	$y = -0{,}5x^2$
	$y = x - 2$
	$y = -x - 2$
	$y = x^2 + 2x + 2$

	$y = -2x^2$
	$y = 2x^2$
	$y = -x + 2$
	$y = 0{,}5x^2$

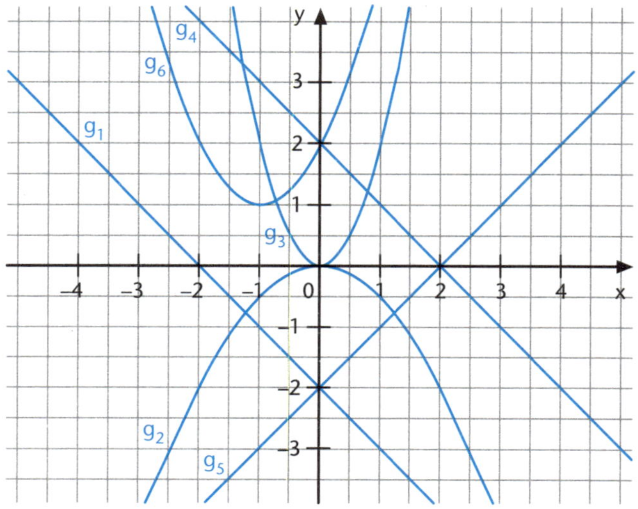

9 Parabeln in verschiedenen Darstellungen **(Lösung Seite 22)**

Eine Parabel hat den Scheitelpunkt S (3 | –15) und ist gegenüber der Normalparabel um den Faktor a = 2 gestreckt.
Gib die Scheitelpunktform der Parabel an und wandle diese in die allgemeine Form um.

f(x) = ______________ f(x) = ______________

10 Lineare Funktion – Füllmenge **(Lösung Seite 23)**

Die im Koordinatensystem dargestellte Funktion stellt den Zusammenhang zwischen der Füllmenge in einem Bewässerungstank und der Zeit dar.

a) Wie viel Liter Wasser sind am Anfang im Tank?

Am Anfang sind __________ im Tank.

b) Bestimme, um wie viel Liter pro Minute die Wassermenge abnimmt.

____

c) Gib die Funktionsgleichung an. ______________

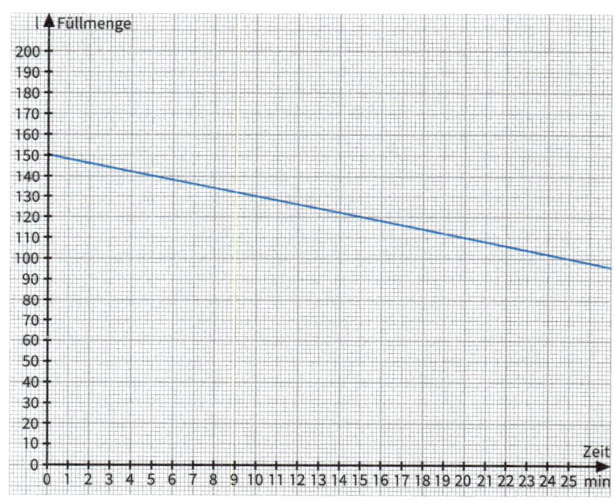

11 Exponentielles Wachstum **(Lösung Seite 24)**

Eine Stadt hat 42 000 Einwohner. Es wird damit gerechnet, dass die Einwohnerzahl in den nächsten fünf Jahren jährlich um 2 % zunimmt. Berechne, wie viele Einwohner die Stadt in fünf Jahren voraussichtlich haben wird.

Geometrie

12 Rechteck (Lösung Seite 25)

Ein Rechteck ist 8 cm lang und hat einen Umfang von 30 cm. Wie groß ist sein Flächeninhalt A?

A = ______

13 Dreieck im Koordinatensystem (Lösung Seite 26)

a) Gib die Koordinaten der Punkte P(|), Q(|), R(|) an.

b) Welchen Flächeninhalt hat das Dreieck PQR?

A = ______

c) Trage den Punkt S (4|4) in das Koordinatensystem ein. Wie heißt die Figur PQRS?

______

d) Bestimme den Flächeninhalt der Figur PQRS.

A = ______

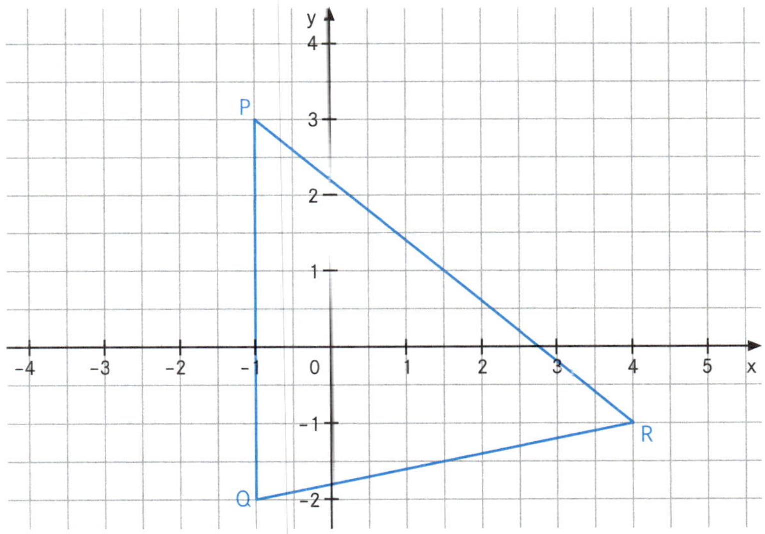

14 Umzug (Lösung Seite 27)

Für den Transport von 90 Umzugskartons sucht Familie Meyer bei einer Leihfirma ein geeignetes Fahrzeug. Ein Karton hat folgende Abmessungen (in mm): 600 x 330 x 340.
Es stehen Transporter mit einem Ladevolumen von 5,8 m^3 und 9,5 m^3 zur Auswahl. Welchen Transporter würdest du empfehlen? Begründe rechnerisch.

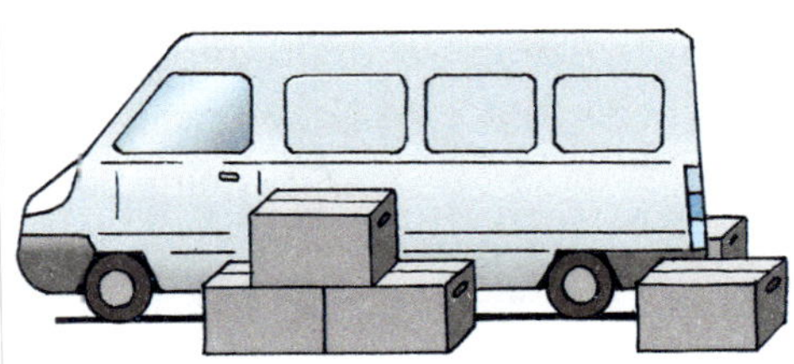

15 Zylinder (Lösung Seite 28)

a) Skizziere das Netz eines Zylinders.

b) Ein Zylinder hat eine Grundfläche mit dem Radius 14 cm und ist 8 cm hoch.
Bestimme den Oberflächeninhalt des Zylinders gerundet auf ganze cm^2.

Oberflächeninhalt: ______

16 Buchstaben-Design (Lösung Seite 29)

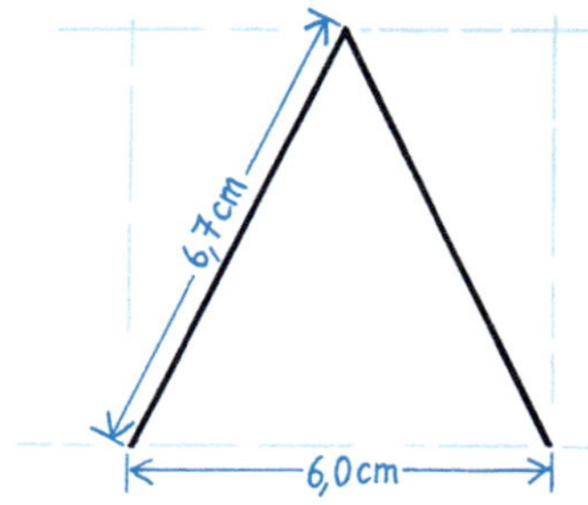

Emil entwirft neue Schriftarten für den Computer. Er beginnt mit dem Buchstaben A (siehe Abbildung rechts). Den noch fehlenden Querstrich möchte er so einzeichnen, dass er

- $\frac{1}{3}$ der unteren Breite des Buchstabens als Länge hat und
- parallel zum Boden verläuft.

Berechne, wo Emil den Querstrich einzeichnen muss.
Zeichne den Buchstaben auf ein extra Blatt. Zeichne den Querstrich ein und überprüfe an der Zeichnung deine Berechnung.

17 Drachen (Lösung Seite 30)

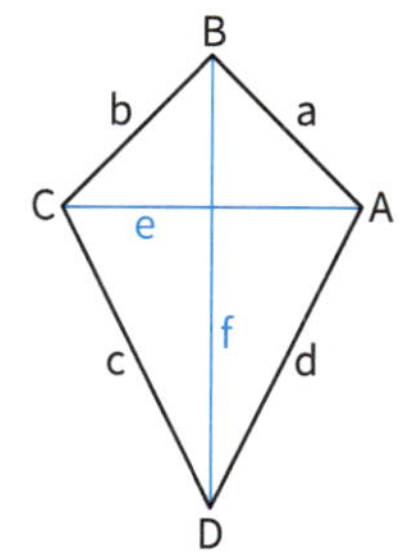

Sven hat einen Drachen gebaut. Die beiden kürzeren Seiten a und b sind jeweils 25 cm lang und schließen einen rechten Winkel ein. Die Längen der beiden Diagonalen e und f verhalten sich wie 2 : 3.

a) Berechne die Längen der beiden Diagonalen. ______

b) Rund um den Drachen wurde eine Schnur gespannt.
Wie lang ist sie? ______

18 Winkel (Lösung Seite 31)

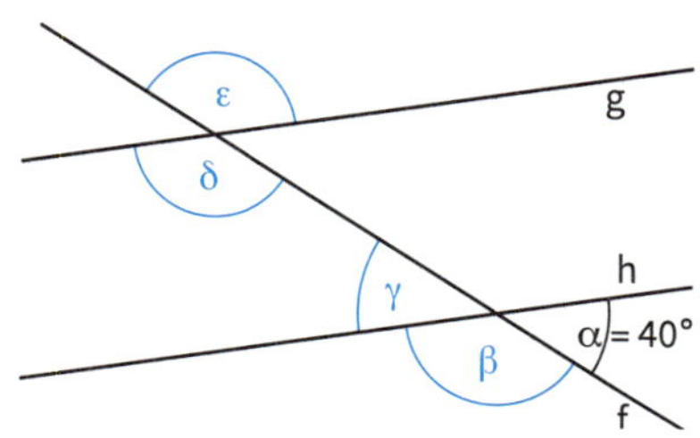

In der Abbildung sind die Geraden g und h parallel.

a) Bestimme, ohne zu messen, die Größe der Winkel β, γ, δ und ε. Begründe.

β = ______; γ = ______; δ = ______; ε = ______

b) In einem Geometrieprogramm wird die Gerade f so gedreht, dass α = 105° groß ist. Wie verändern sich dadurch die Größen von β, γ, δ und ε? Überprüfe deine Lösung durch eine Zeichnung.

β = ______; γ = ______; δ = ______; ε = ______

Daten und Zufall

19 Tablet (Lösung Seite 32)

256 € 252 € 320 € 269 € 279 €

Im Internet wird ein Tablet zu folgenden Preisen angeboten.

a) Gib den Median (Zentralwert), die Spannweite und das arithmetische Mittel der Preise an.

______

Median: ______ Spannweite: ______ Arithmetisches Mittel: ______

b) Berücksichtigt man noch ein sechstes Angebot, beträgt das arithmetische Mittel nur noch 264 €. Wie teuer ist das Tablet aus diesem Angebot?

20 Nutzflächen in Deutschland (Lösung Seite 33)

In dem Diagramm rechts wird dargestellt, wie die Flächen in Deutschland genutzt werden.

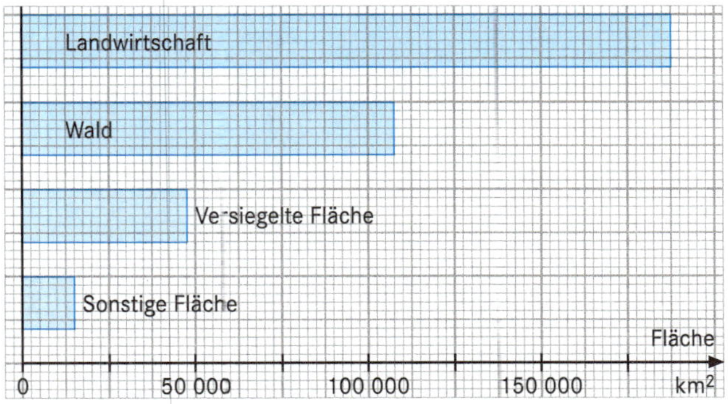

a) Wie viel km^2 entsprechen 1 mm?

1 mm ≙ ______________ km^2

b)(1) Lies aus dem Diagramm ab und fülle die Tabelle aus.

(2) Bestimme die relativen Häufigkeiten und trage sie in die Tabelle ein. Runde auf eine Nachkommastelle.

	Flächeninhalt (in km^2)	Relative Häufigkeit (in %)
Landwirtschaft		
Wald		
Versiegelte Fläche		
Sonstige Fläche		
Gesamtfläche		

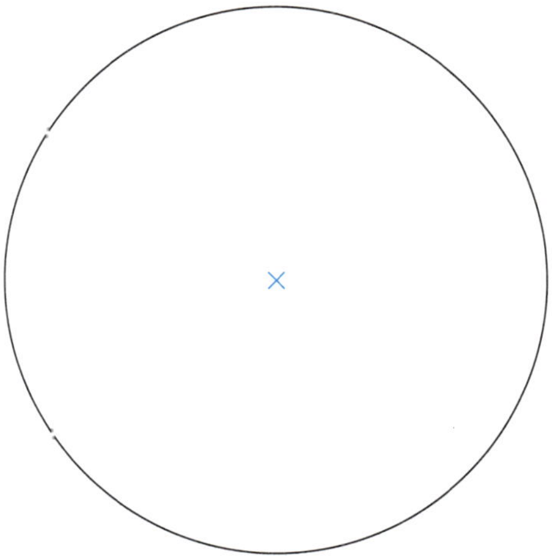

(3) Stelle die Anteile in einem Kreis- und einem Streifendiagramm dar.

Streifendiagramm:

21 Farbige Kugeln (Lösung Seite 34)

Aus einem Behälter mit 3 roten, 5 grünen und 2 blauen gleichartigen Kugeln wird eine verdeckt gezogen. Berechne die Wahrscheinlichkeiten für „blau" und für „nicht rot".

a) P(blau) = ______________

b) P(nicht rot) = ______________

22 Würfel (Lösung Seite 35)

Rechts siehst du die Netze zweier Würfel. Der Würfel (1) hat nur die Zahlen 3 und 4, der Würfel (2) die Zahlen 3, 4 und 6.

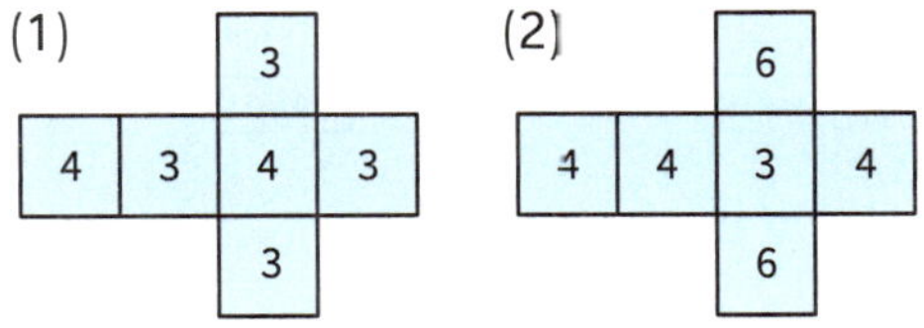

a) Gib die Wahrscheinlichkeit an, mit Würfel (1) eine Vier zu würfeln. ______________

b) Gib die Wahrscheinlichkeit an, mit Würfel (2) eine Augenzahl größer als 3 zu würfeln.

____

c) Mit einem der beiden Würfel wurde 1000-mal gewürfelt und dabei 324-mal die Vier erzielt. Welcher Würfel ist das vermutlich gewesen? Begründe.

____

____

Teil A Basisaufgaben

Selbsteinschätzungsbogen

Der Selbsteinschätzungsbogen soll dir helfen, im Anschluss an den Eingangstest einen Überblick zu gewinnen, was du schon ziemlich sicher kannst und wo du noch üben solltest. Kreuze direkt, nachdem du den Einstiegstest durchgearbeitet hast, mit Bleistift an, wie sicher du die verschiedenen Themen zu beherrschen glaubst. Vergleiche danach deine Lösungen mit den Beispiellösungen auf den jeweils angegebenen Seiten. Hast du dich richtig eingeschätzt? Korrigiere gegebenenfalls deine Kreuzchen. Du hast nun eine Übersicht, in welchen Bereichen du am dringlichsten üben musst. Die zugehörigen Übungsaufgaben findest du in der Tabelle (rechte Spalte).

Arithmetik/Algebra

Aufgabe	Ich kann...	sicher	fast sicher	muss ich üben	Übungs-aufgaben
① Rechnen und Ordnen	die Grundrechenarten für rationale Zahlen ausführen				S. 14: A1, A2
	rationale Zahlen ordnen und vergleichen				S. 14: A2(5), A3
② Prozente	Prozentwerte, Prozentsätze und Grundwerte berechnen				S. 15: A1 bis A6 S 18: A1
	Prozentaufgaben in der Zinsrechnung lösen				S. 15: A4
③ Gleichungssysteme	lineare Gleichungssysteme mit zwei Variablen lösen				S. 16: A1
	Gleichungssysteme zu Sachsituationen aufstellen				S. 16: A2, A3, A4
④ Schätzen	in Sachsituationen die Größen von Längen, Flächen und Volumina schätzen				S. 17: A1, A2, A3
	eine Größenangabe in kleinere oder größere Einheiten umrechnen				S. 17: A4, A5, A6
⑤ Wintercheck	Berechnungen mithilfe einer Tabellenkalkulation ausführen				S. 18: A2, A3
⑥ Aussagen	lineare Gleichungen lösen				S. 19: A1
	Sachsituationen in Gleichungen übersetzen und lösen				S. 19: A2, A3, A4

Funktionen

Aufgabe	Ich kann...	sicher	fast sicher	muss ich üben	Übungs-aufgaben
⑦ Zuordnungen	proportionale und antiproportionale Zuordnungen an ihren Graphen erkennen				S. 20: A1
	Werte berechnen und Graphen skizzieren, auch in Sachsituationen				S. 20: A2 bis A5
⑧ Gleichungen und Graphen	bei linearen Funktionen die Gleichungen und Graphen einander zuordnen				S. 21: A1, A2, A3
	bei quadratischen Funktionen zwischen Gleichung, Graph und Wertetabelle wechseln				S. 21: A4, A5
⑨ Parabeln in verschiedenen Darstellungen	die Scheitelpunktform in die allgemeine Form bringen und umgekehrt				S. 22: A1 bis A4

Funktionen

⑩ Lineare Funktion – Füllmenge	Sachsituationen durch Gleichungen und Graphen von linearen Funktionen beschreiben				S. 23: A1, A2, A3
⑪ Exponentielles Wachstum	in Sachsituationen exponentielles Wachstum erkennen und Werte berechnen (auch Zinseszins)				S. 24: A1 bis A5

Geometrie

Aufgabe	Ich kann...	sicher	fast sicher	muss ich üben	Übungs-aufgaben
⑫ Rechteck	Umfang und Flächeninhalt eines Rechtecks berechnen, auch in Sachsituationen				S. 25: A1 bis A4
⑬ Dreieck im Koordinaten-system	Punkte in ein Koordinatensystem eintragen und ablesen				S. 26: A1, A2, A3
	Flächeninhalte von Dreiecken, Parallelogrammen und Trapezen berechnen				S. 26: A1, A2, A3
⑭ Umzug	das Volumen eines Quaders berechnen, auch mit unterschiedlichen Einheiten und in Sachsituationen				S. 27: A1 bis A6
⑮ Zylinder	den Flächeninhalt und Umfang eines Kreises berechnen				S. 28: A1, A2
	die Größe von Mantelfläche, Oberfläche und Volumen eines Zylinders berechnen				S. 28: A3 bis A6
⑯ Buchstaben-Design	Streckenlängen mithilfe der Strahlensätze bestimmen				S. 29: A1 bis A4
⑰ Drachen	Streckenlängen mithilfe des Satzes von Pythagoras berechnen, auch in Sachsituationen				S. 30: A1 bis A5
⑱ Winkel	Winkelgrößen mithilfe der Winkelsätze und der Winkelsumme im Dreieck bestimmen				S. 31: A1, A2, A3

Stochastik

Aufgabe	Ich kann...	sicher	fast sicher	muss ich üben	Übungs-aufgaben
⑲ Tablet	Spannweite, Median und arithmetisches Mittel angeben				S. 32: A1 bis A3
⑳ Nutzflächen in Deutschland	Werte aus einem Diagramm ablesen				S. 33: A1, A2 S. 34: A4
	relative Häufigkeiten berechnen und als Prozente angeben				
	Kreis- und Streifendiagramme erstellen				
㉑ Farbige Kugeln	die Wahrscheinlichkeit eines Ereignisses bei einem Laplace-Experiment berechnen				S. 34: A1 bis A4 S. 35: A1 a) - c)
㉒ Würfel	Wahrscheinlichkeiten mit den Ergebnissen einer langen Versuchsreihe schätzen				S. 35: A1 d), A2

Wenn du noch weiteren Übungsbedarf hast oder in einem Thema unsicher bist, empfehlen wir dir im „Grundlagentraining“ nachzuschlagen (ISBN 978-3-7426-1892-4).

Dein **FiNALE**-Team

Teil A Basisaufgaben

Lösungen zum Eingangstest und Übungsaufgaben

Auf den folgenden Seiten findest du die ausführlichen Lösungen zum Eingangstest. Der Link neben der Lösung führt zu einem Video, in dem jeder Lösungsschritt erklärt wird.
Zu jeder Aufgabe gibt es passende Übungsaufgaben. Nutze deine Selbsteinschätzung (S. 12/13) und bearbeite auf jeden Fall die Aufgaben, bei denen du noch nicht sicher bist. Die Lösungen der Übungsaufgaben findest du im Lösungsheft.

Arithmetik/Algebra

http://nale.fi/xygh

http://nale.fi/yacr

1 Rechnen und Ordnen (von S. 6)

a) Berechne.
(1) $\frac{3}{4}$ von 8 (2) $\frac{3}{5} \cdot (-15) \cdot (-0{,}1)$
(3) $-(3{,}8 - 4{,}2) + (-1{,}7 - 1{,}3) : (-5)$
(4) die Differenz der Zahlen 6,5 und −5,4
(5) die Summe der Zahlen 1,6 und −4,5
(6) den Quotienten der Zahlen −3,5 und −0,7

b) Ordne die Zahlen: $\frac{3}{4}$; $1\frac{3}{5}$; 0,6; $-\frac{1}{2}$; $\frac{4}{3}$; 0,5; −0,7

Zu a)
(1) $\frac{3}{4} \cdot 8 = \frac{3}{4} \cdot \frac{8}{1} = \frac{24}{4} = \mathbf{6}$
(2) $\frac{3}{5} \cdot (-15) \cdot (-0{,}1) = \frac{3}{5} \cdot 1{,}5 = 0{,}6 \cdot 1{,}5 = \mathbf{0{,}9}$
(3) $-(3{,}8 - 4{,}2) + (-1{,}7 - 1{,}3) : (-5)$
$= -(-0{,}4) + (-3) : (-5) = 0{,}4 + 0{,}6 = \mathbf{1}$
(4) $6{,}5 - (-5{,}4) = 6{,}5 + 5{,}4 = \mathbf{11{,}9}$
(5) $1{,}6 + (-4{,}5) = 1{,}6 - 4{,}5 = \mathbf{-2{,}9}$
(6) $-3{,}5 : (-0{,}7) = 3{,}5 : 0{,}7 = 35 : 7 = \mathbf{5}$

Zu b)
$-0{,}7 < -\frac{1}{2} < 0{,}5 < 0{,}6 < \frac{3}{4} < \frac{4}{3} < 1\frac{3}{5}$

1 Berechne.

a) $1{,}2 \cdot 7{,}6$ ____________

b) $0{,}45 \cdot 10{,}5$ ____________

c) $\frac{2}{5} + \frac{3}{10}$ ____________

d) $\frac{1}{3} + \frac{2}{5}$ ____________

e) $\frac{1}{3} \cdot \frac{2}{5}$ ____________

f) $\frac{1}{3} : \frac{2}{5}$ ____________

TIPP

Summe: 27 + 9 **Produkt:** 27 · 9 **Potenz:** 2^3
Differenz: 27 – 9 **Quotient:** 27 : 9

2 (1) Dividiere die Differenz aus 11 und 8 durch 5.
(2) Berechne $\frac{1}{5}$ von der dritten Potenz von −2.
(3) Halbiere die Differenz aus 2,9 und 5,7.
(4) Bilde die Summe aus 2,5 und dem Produkt der Zahlen −3 und 1,5.
(5) Welche Zahl muss mit 4,8 multipliziert werden, um −1,2 zu erhalten?

Stelle die Ergebnisse an der Zahlengeraden dar.

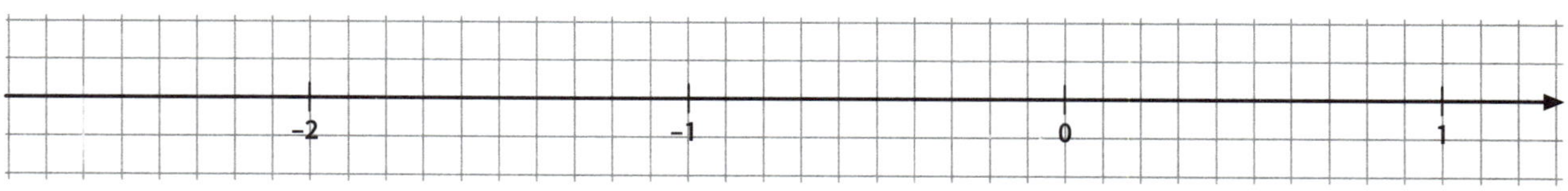

3 Ordne der Größe nach, beginne mit der kleinsten Zahl.

a) 0,4 $\frac{3}{6}$ 0,38 $\frac{1}{4}$ $\frac{3}{8}$ 0,44

☐ < ☐ < ☐ < ☐ < ☐ < ☐

b) $-1\frac{1}{2}$ $-\frac{7}{5}$ $-\frac{3}{4}$ −0,8 $-\frac{11}{8}$ −1,3

☐ < ☐ < ☐ < ☐ < ☐ < ☐

c) 0,7 $-\frac{3}{4}$ −1,34 $\frac{4}{5}$ $-\frac{4}{3}$ $\frac{17}{20}$

☐ < ☐ < ☐ < ☐ < ☐ < ☐

d) 2,8 −0,41 $-\frac{2}{5}$ $\frac{29}{10}$ $-\frac{9}{2}$ 2,805

☐ < ☐ < ☐ < ☐ < ☐ < ☐

(1) Berechne.

a) 40 % von 650 €

b) 23 % von 40 m

TIPP

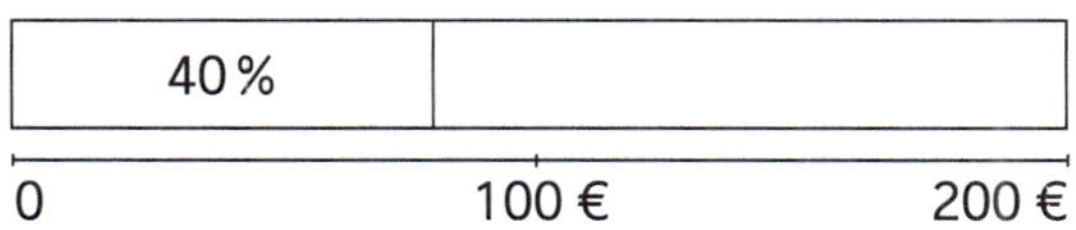

(2) 45 % der Länge einer Strecke sind 288 m. Wie lang ist die gesamte Strecke?

(3) Wie viel Prozent sind

a) 3 kg von 60 kg?

b) 12 cm von 1,20 m?

(4) Berechne die Zinsen.

a) 3200 € werden ein Jahr mit 0,5 % verzinst.

b) Ein halbes Jahr lang werden 560 € bei einem Zinssatz von 1,2 % verzinst.

2 Prozente (von S. 6)

a) Wie viel sind 30 % von 250 €?

b) Wie viel Prozent sind 25 cm von 5 m?

c) Von wie viel Kilogramm sind 5 % genau 10 kg?

d) Berechne 4 % Zinsen von 620 € Kapital

http://nale.fi/psqk

Prozentrechnung:
- Grundwert G
- Prozentwert W
- Prozentsatz p %

3 % von 800 € sind 24 €
(3 % → p %; 800 € → G; 24 € → W)

Formeln: $W = G \cdot p\%$ $p\% = \frac{W}{G}$ $G = \frac{W}{p\%}$

Zinsrechnung:
Kapital K ↔ G; Zinsen Z ↔ W $Z = K \cdot p\%$

Zu a)
W ist gesucht.
$W = 250\,€ \cdot 0{,}30$
$= 75\,€$

Zu b)
p % ist gesucht.
$p\% = \frac{0{,}25\,m}{5\,m} = 0{,}05$
$= 5\%$

Zu c)
G ist gesucht.
$G = \frac{10\,kg}{0{,}05} = 200\,kg$

Zu d)
Z ist gesucht.
$Z = 620\,€ \cdot 0{,}04$
$= 24{,}80\,€$

(5) Familie Meier zahlt monatlich 550 € Miete. Die Miete soll zum 1. Januar um 3,5 % erhöht werden.

a) Berechne die Mieterhöhung.

b) Gib die ab Januar zu zahlende Miete an.

(6) Für den Kauf eines Elektroautos zu einem Preis von 32 000 € kann Familie Özdemir einen staatlichen Zuschuss in Höhe von 4 000 € erhalten. Auf den restlichen Kaufpreis gewährt das Autohaus einen Rabatt von 8 %.

a) Berechne die Höhe des Rabattes.

b) Wie viel Prozent vom Kaufpreis spart Familie Özdemir insgesamt?

http://nale.fi/sghb

③ Gleichungssysteme (von S. 6)

a) Löse das Gleichungssystem.
$$\begin{aligned} \text{I.}\quad & x - 2y = 4 \\ \text{II.}\quad & 3x + y = 5 \end{aligned}$$

b) Ein Rechteck hat den Umfang 30 cm, wobei die eine Seite 2 cm länger ist als die andere Seite. Wie lang sind die Seiten?

Zu a)

$$\begin{aligned} \text{I.}\quad & x - 2y = 4 \\ \text{II.}\quad & 3x + y = 5 \quad | \cdot 2 \end{aligned}$$

$$\begin{aligned} \text{I.}\quad & x - 2y = 4 \\ \text{II.}\quad & 6x + 2y = 10 \end{aligned}$$

$$\text{I.} + \text{II.}\quad 7x = 14 \quad | : 7$$

$$\mathbf{x = 2}$$

$x = 2$ in Gleichung I. eingesetzt:

$$\begin{aligned} 2 - 2y &= 4 \quad | -2 \\ -2y &= 2 \quad | : (-2) \\ \mathbf{y} &\mathbf{= -1} \end{aligned}$$

Lösung: $x = 2$ und $y = -1$

Zu b)

x: Breite; y: Länge

$$\begin{aligned} \text{I.}\quad & 2x + 2y = 30 \\ \text{II.}\quad & y = x + 2 \end{aligned}$$

II. in I. eingesetzt:

$$\begin{aligned} 2x + 2(x + 2) &= 30 \\ 2x + 2x + 4 &= 30 \quad | -4 \\ 4x &= 26 \quad | : 4 \\ \mathbf{x} &\mathbf{= 6{,}5} \end{aligned}$$

$x = 6{,}5$ in Gleichung II. eingesetzt:

$$\begin{aligned} y &= 6{,}5 + 2 \\ \mathbf{y} &\mathbf{= 8{,}5} \end{aligned}$$

Die Seiten des Rechtecks betragen **6,5 cm** und **8,5 cm**.

① Löse das Gleichungssystem.

a) I. $x + 9y = -41$
II. $x - 4y = 24$

b) I. $x + 5y = 17$
II. $2x - 4y = 20$

c) I. $2x - 3y = 8$
II. $5x + 6y = 20$

d) I. $3x + 4y = 1$
II. $6x + 8y = 0$

② Ein 50-Euro-Schein wird so in 10-Euro-Scheine und 5-Euro-Scheine gewechselt, dass die Anzahl der kleineren Scheine x dreimal so groß ist wie die Anzahl der größeren Scheine y. Wie viele Scheine sind es?

____

③ Ein Korken und eine Flasche kosten zusammen 1,10 €.
Die Flasche ist 1 € teurer als der Korken.
Was kostet der Korken, was die Flasche?

____

④ Bestimme die gesuchten Zahlen.

a) Die Summe zweier Zahlen beträgt 43, ihre Differenz 9.

____

b) Addiere zu einer Zahl 12. Du erhältst das Dreifache einer zweiten Zahl. Das Vierfache der zweiten Zahl vermindert um das Sechsfache der ersten Zahl ergibt 2.

____

① Wie viele Sekunden hat eine Schülerin vom ersten Schultag bis zum Ende der 10. Klasse etwa in der Schule verbracht?

☐ 3 600 000 s ☐ 360 000 000 s
☐ 36 000 000 s ☐ 3 600 000 000 s

② Prüfe den Flächeninhalt eines 20-€-Scheins.

☐ 957,6 cm^2 ☐ 95 760 mm^2
☐ 95,76 dm^2 ☐ 9 576 mm^2

③ Kreuze an, welche Schätzung am besten passt.

a) Ungefähre Größe der lackierten Fläche eines Pkws

☐ 72 m^2 ☐ 720 dm^2
☐ 720 000 mm^2 ☐ 7 200 cm^2

b) Größe des Kofferraums eines Pkws

☐ 37 hl ☐ 370 000 ml
☐ 0,037 m^3 ☐ 37 000 *l*

④ Wandle in die nächstkleinere Einheit um.

a) 35 cm = ____________

b) 2,5 m^2 = ____________

c) 85 min = ____________

⑤ Wandle in die nächstgrößere Einheit um.

a) 56 000 mm = ____________

b) 5 050 m^2 = ____________

c) 150 min = ____________

④ Schätzen (von S. 6)

http://nale.fi/fqvh

Kreuze an, welche Maßangabe stimmen könnte.

Oberfläche	Volumen des Badewassers	Höhe eines Kirchturms

☐ 300 dm^2	☐ 3000 *l*	☐ 850 mm
☐ 30 cm^2	☐ 30 000 cm^3	☐ 85 dm
☐ 0,3 m^2	☐ 0,30 m^3	☐ 85 000 cm
☐ 30 000 mm^2	☐ 30 000 ml	☐ 0,085 km

Oberfläche der Schokoladentafel
Eine Schokoladentafel ist ca. 8 cm breit, 16 cm lang und 1 cm hoch. Das ergibt einen Oberflächeninhalt von $O = 2 \cdot (8 \cdot 16 + 8 \cdot 1 + 16 \cdot 1)\ cm^2 = 304\ cm^2 = 30\,400\ mm^2 \approx$ **30 000 mm^2**.
Volumen des Badewassers
Geschätzte Innenmaße einer Badewanne:
$l = 160$ cm, $b = 50$ cm, $h = 40$ cm
$V = 160\ cm \cdot 50\ cm \cdot 40\ cm$
$V = 320\,000\ cm^3 = 0{,}320\ m^3 = 320\ l$
Höhe eines Kirchturms
Hilfreich ist das Umrechnen der Maße in Meter:
850 mm = 0,85 m; 85 000 cm = 850 m;
85 dm = 8,5 m; 0,085 km = 85 m
Nur **0,085 km** (= 85 m) ist realistisch.

TIPP

Beim Vergleichen von *Größen* achte auf die gleiche Einheit.
Rechnest du in eine kleinere (größere) Einheit um, wird die Maßzahl größer (kleiner).

⑥ Wandle in die angegebene Einheit um.

a) 500 g = ____________ kg

b) 1,8 t = ____________ kg

c) 25 ha = ____________ m^2

d) 4 600 cm^2 = ____________ m^2

e) 4 500 *l* = ____________ m^3

f) 180 s = ____________ min

g) 1,2 h = ____________ min

http://nale.fi/kpwv

5 Wintercheck (von S. 7)

	A	B	C	D
1	**Artikelbezeichnung**	**Menge**	**Einzelpreis**	**Gesamtpreis**
2				
3	Reifen 195/65R WinterGrip	4	70,92 €	283,68 €
4	Glühlampen	2	2,03 €	4,06 €
5	Motoröl (in Liter)	1,5		24,75 €
6				
7	Winterräder montieren			18,91 €
8	Wintercheck durchführen			16,72 €
9				
10	**Zwischensumme**			348,12 €
11	Mehrwertsteuer (in %)	19		66,14 €
12				
13	**Rechnungsbetrag**			414,26 €
14				

Frau König lässt ihr Auto in der Werkstatt auf den Winter vorbereiten. Für Materialien und Arbeitsleistungen erstellt die Werkstatt die Rechnung mithilfe einer Tabellenkalkulation.

a) In welcher Zelle findest du den Einzelpreis für einen Reifen?
b) Gib an, wie teuer 1 Liter Motoröl (ohne MwSt.) ist.
c) Gib eine Formel für die Zelle D10 an.
d) Welche Formeln könnten in D11 stehen? Kreuze alle richtigen an.

☐ = D10 * 0,19 ☐ = D10 / B11*100
☐ = D10*B11/100 ☐ = 348,12 € / B11

Zu a)
Der Einzelpreis für einen Reifen steht in Zelle **C3.**

Zu b)
24,75 € : 1,5 = 16,50 €.
Ein Liter Motoröl kostet **16,50 €.**

Zu c)
D10: **=D3+D4+D5+D7+D8**
Schneller geht es mit: **=Summe(D3:D8)**

Zu d)
Die Zwischensumme (in D10) muss mit 19 % multipliziert werden. Richtig sind: = D10*0,19 und = D10*B11/100

① Eine Rechnung beläuft sich einschließlich Mehrwertsteuer auf 1 000 €.
Wie berechnet man den Rechnungsbetrag ohne Mehrwertsteuer (Nettopreis)? Kreuze an.

☐ 1 000 € – 19 € ☐ 1 000 € – 190 €
☐ 1 000 € : 0,19 ☐ 1 000 € : 1,19

② Frau Weber notiert sich, bei welchem Kilometerstand sie wie viel Liter getankt hat und was ein Liter Diesel gekostet hat.

	A	B	C	D	E
1	Kilometer	Liter	Preis pro Liter	Gesamtpreis	Verbrauch in Liter auf 100 km
2	35000	35,7	1,36 €	48,55 €	-------
3	35867	49,4	1,45 €		
4	36422	29,4	1,28 €		
5	37225	52,5	1,22 €		

a) Mit welcher Formel kann in Zelle D2 der Gesamtpreis berechnet werden?
Trage alle Gesamtpreise in Spalte D ein.

b) Berechne den durchschnittlichen Verbrauch auf 100 km zwischen jeweils zwei Tankstopps. Trage die Ergebnisse in die Tabelle ein.

c) Gib für Zelle E3 eine Formel zur Berechnung des Durchschnittsverbrauchs auf 100 km an.

____

③

	A	B	C
1			
2	Anzahl	Einzelpreis	Gesamtpreis
3	3	17,95	53,85 €
4	5	3,98	19,90 €
5	8	5,67	45,36 €
6			
7		Gesamt Netto	119,11 €
8		MWST 19%	1,42 €
9		Gesamt Brutto	120,53 €
10			

Mithilfe der abgebildeten Tabellenkalkulation kann man durch Eingabe einer veränderten Anzahl den jeweiligen Gesamtpreis Netto ablesen. Außerdem sieht man für alle verkauften Artikel den Gesamtpreis Netto und Brutto sowie die Mehrwertsteuer.
Gib die möglichen Formeln in den Zellen an.

C3: ______________________________

C7: ______________________________

C8 ______________________________

① Löse die Gleichung.

a) $3x - 7 = 35$

b) $9 - 4x = 13$

c) $8 - (2x + 6) = 5x + 16$

d) $7\,(2 - 5x) = (9 - x) \cdot 5 - 1$

② Stelle eine Gleichung auf und löse sie.

Für drei Schreibblöcke, eine Spitzmaschine (8,85 €) und acht Stifte bezahlt Paul 16,04 €. Ein Schreibblock kostet 1,25 €. Wie viel kostet ein Stift?

③ Löse das Zahlenrätsel mithilfe einer Gleichung.

a) Das Neunfache einer Zahl vermindert um 7 ergibt 47.

b) Addiert man zum dritten Teil einer Zahl 17, so erhält man 30.

c) Vermindert man das Achtfache einer Zahl um 9, so erhält man das Sechsfache der Zahl vermehrt um 3.

⑥ Aussagen (von S. 7)

a) Welche der folgenden Sachtexte passen zu der Gleichung $x + (x - 3) = 60$? Kreuze jeweils an.

b) Löse die Gleichung $x + (x - 4) = 60$.

1	Vera ist vier Jahre jünger als Max. Zusammen sind sie 60 Jahre alt.	☐ Ja	☐ Nein
2	Eine Lostrommel enthält viermal so viele Nieten wie Gewinnlose. Insgesamt sind 60 Lose in der Trommel.	☐ Ja	☐ Nein
3	Familie Maier legt auf ihrer zweitägigen Radtour insgesamt 60 km zurück. Am zweiten Tag fahren sie 4 km weniger als am ersten Tag.	☐ Ja	☐ Nein
4	Ein 60 m^2 großer Saal wird mit Parkett ausgelegt. Länge und Breite des Raumes unterscheiden sich um 4 Meter.	☐ Ja	☐ Nein

a) (1): Max: x; Vera: $x - 4$
Gleichung $x + (x - 4) = 60$ ☒ **Ja**

(2): Gewinnlose: x; Nieten: 4x
Gleichung $x + 4x = 60$ ☒ Nein

(3): 1. Tag: x; 2. Tag : $x - 4$
Gleichung $x + (x - 4) = 60$ ☒ **Ja**

(4): Länge: x; Breite: $x - 4$
Gleichung $x \cdot (x - 4) = 60$ ☒ Nein

b) (1):

$$x + (x - 4) = 60$$
$$x + x - 4 = 60$$
$$2x - 4 = 60 \quad |+4$$
$$2x = 64 \quad |:2$$
$$x = 32$$

Max ist 32 Jahre alt, Vera 28.

(2): Am 1. Tag legen sie 32 km zurück, am 2. Tag 28 km.

④ Welche Sachtexte passen zu der Gleichung $5x + 17 = 57$? Was gibt in diesen Fällen x an?

(1) Fünf Freunde gehen ins Kino. Sie kaufen Karten und anschließend Popcorn für 17 €. Insgesamt bezahlen sie 57 €.

(2) Frau May kauft 5 Flaschen Wein und 17 Flaschen Sekt. Sie bezahlt insgesamt 57 €.

(3) Ein 5 km langer Rundkurs für Crossräder wird x-mal durchfahren. Der Kurs liegt 17 km von Tannendorf entfernt. Es sind 57 Teilnehmer am Start.

(4) Ein Unternehmen soll 57 m^3 Muttererde transportieren. Der große Lkw bringt pro Fahrt 17 m^3, der kleine Lkw den Rest mit fünf Fahrten, jeweils voll beladen.

(5) Ein Rechteck ist 5 cm breit, seine Länge unbekannt. Wäre es 17 cm^2 größer, hätte es einen Flächeninhalt von 57 cm^2.

Funktionen

http://nale.fi/rfsq

7 Zuordnungen (von S. 7)

In welchen Beispielen erkennst du proportionale (p) oder antiproportionale (a) Zuordnungen? Wo liegt keines von beiden (k) vor? Kreuze jeweils p, a oder k an.

a)	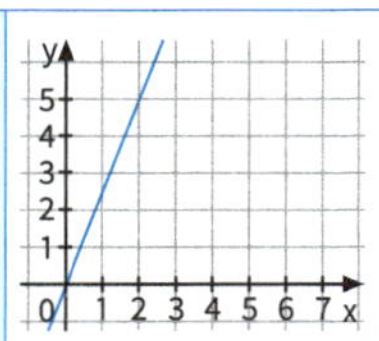	☒ p ☐ a ☐ k	b)	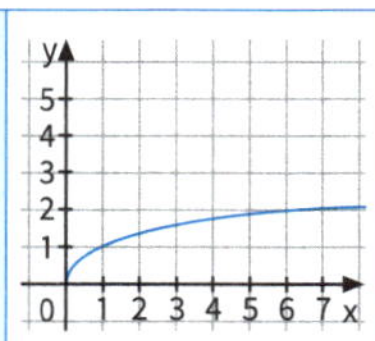	☐ p ☐ a ☒ k
c)	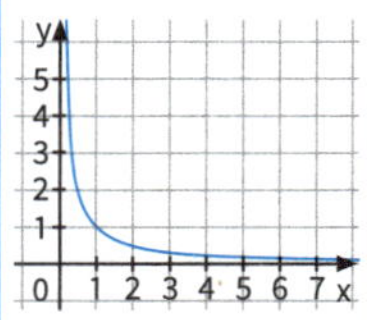	☐ p ☒ a ☐ k	d)	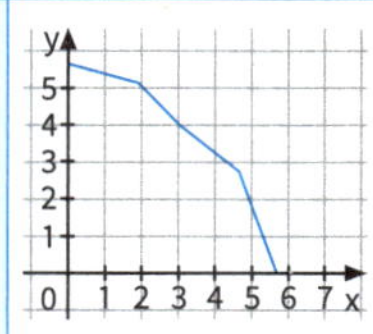	☐ p ☐ a ☒ k

Richtig anzukreuzen ist jeweils ...

a) ☒ **p (proportional),** da der Graph eine Gerade durch den Ursprung ist.

b) ☒ **k (keins von beiden),** da mit größer werdenden x-Werten auch die y-Werte ansteigen (damit nicht antiproportional), die Steigung aber nicht mit konstant ist, der Graph also keine Ursprungsgerade ist (damit nicht proportional).

c) ☒ **a (antiproportional),** da mit größer werdenden x-Werten die y-Werte abnehmen, wobei gilt: $x \cdot y = 1$. Der Graph ist eine Hyperbel.

d) ☒ **k (keine von beiden),** da der Graph weder eine Ursprungsgerade noch eine Hyperbel ist.

1 Ist die Zuordnung proportional? Begründe.

Zuordnung (A)

Anzahl	Preis (in €)
3	1,50
4	2,00
8	4,00

Zuordnung (B)

Zeit (h)	Weg (m)
2	1200
3	1800
5	2600

Zuordnung (A) ist ____________________, weil

____

____

Zuordnung (B) ist ____________________, weil

____

____

2 Vervollständige die Wertetabelle bei a) zur proportionalen Zuordnung und bei b) zur antiproportionalen Zuordnung.

a)

x	1,5	3
y	4,5	

b)

x	7,5	2,5
y	20	

3 Ein Band lässt sich in 20 jeweils 12 cm lange Stücke zerschneiden. Wie viele Stücke erhältst du, wenn jedes Stück 16 cm lang sein soll?

4 Ein Schiff legt eine Strecke von 16 km in 40 Minuten zurück. Welche Strecke legt das Schiff bei gleicher Durchschnittsgeschwindigkeit in 25 5, 120) Minuten zurück?

5 Skizziere zu den folgenden Beispielen jeweils den zugehörigen Graphen. Gib an, ob es sich um eine proportionale (p), konstante (k), antiproportionale (a) oder aber um eine lineare (l) Funktion, die nicht proportional ist, handelt.

1	Eier werden hartgekocht: *Anzahl Eier → Kochdauer (in min)*	**3**	10 km Autofahrt: *durchschnittliche Geschwindigkeit (in km/h) → Fahrdauer (in h)*
2	Taxifahrt mit 3 € Grundgebühr: *zurückgelegte Strecke (in km) → Fahrpreis (in €)*	**4**	Einkauf auf dem Markt: *Menge Kartoffeln (in kg) → Preis (in €)*

1) 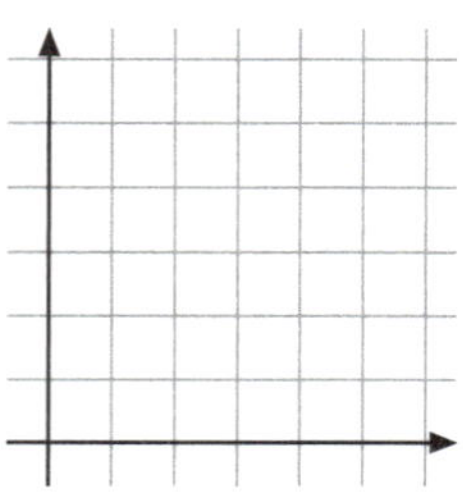

____

2) 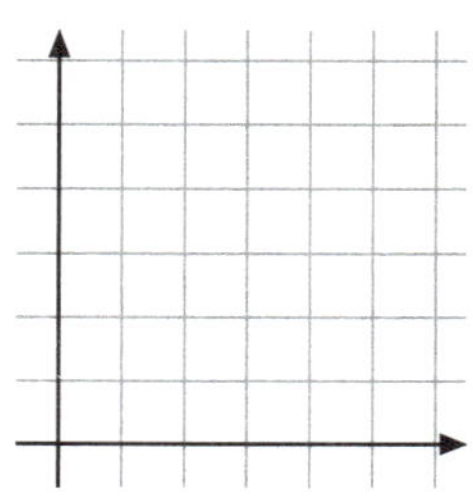

____

3) 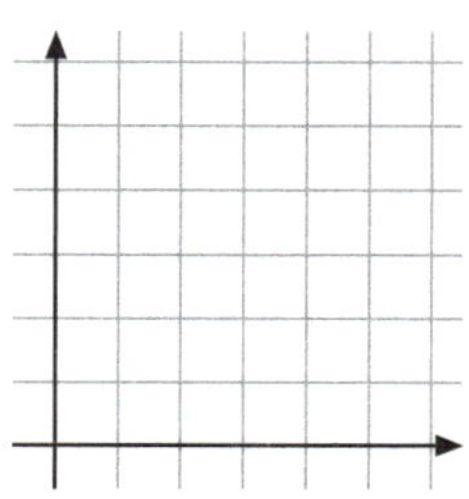

____

4) 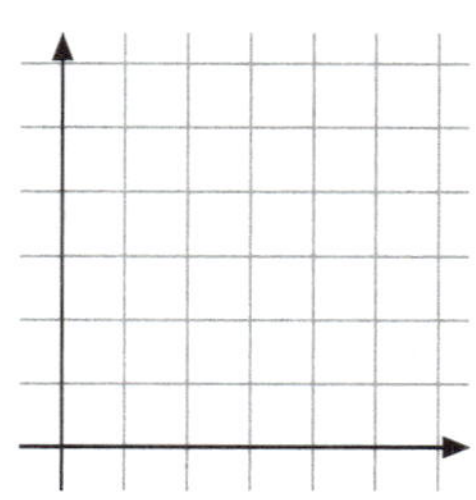

____

① Bestimme die zum Graphen gehörende Funktionsgleichung.

a)

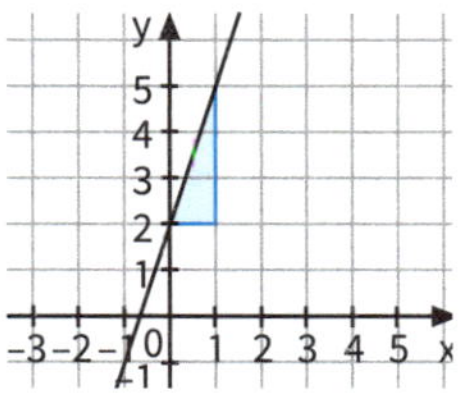

b)

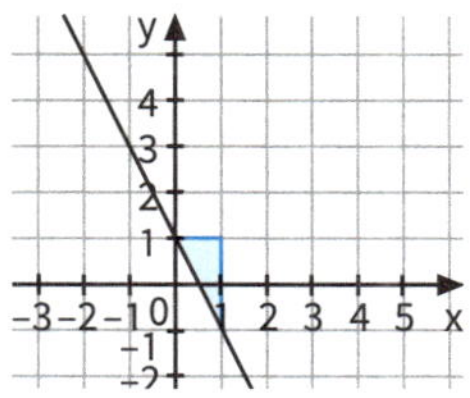

y= ____________ y= ____________

c)

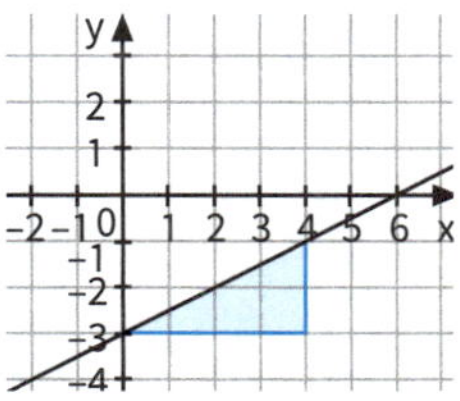

d)

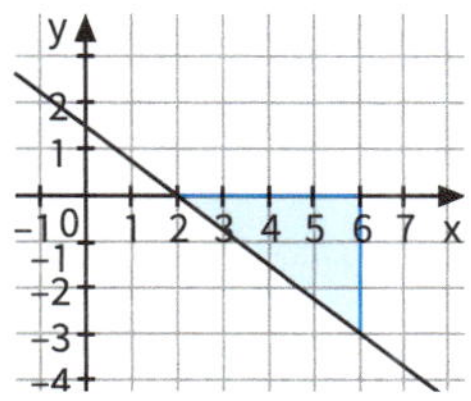

y= ____________ y= ____________

② Zeichne in ein Koordinatensystem die Graphen zu den Funktionen
$y = \frac{1}{4}x + 3$ und $y = -x + 3$.
Gib die Koordinaten des Schnittpunkts S an.

S = (___ | (___)

③ Die lineare Funktion f verläuft durch die Punkte A (−2 | 5) und B (3 | 2,5).
Gib die Funktionsgleichung von f an.

f: y = ____________

④ a) Ordne jeder Parabel in der Abbildung rechts die passende Funktionsgleichung zu.

(1) $y = x^2 + 1$ → ____________

(2) $y = -x^2 + 2x - 1$ → ____________

(3) $y = 2x^2 + 1$ → ____________

(4) $y = 0{,}5x^2 - 2x - 4$ → ____________

b) Gib für jede Parabel die Koordinaten ihres Scheitelpunkts an.

S_1 (___ | (___) S_3 (___ | (___)

S_2 (___ | (___) S_4 (___ | (___)

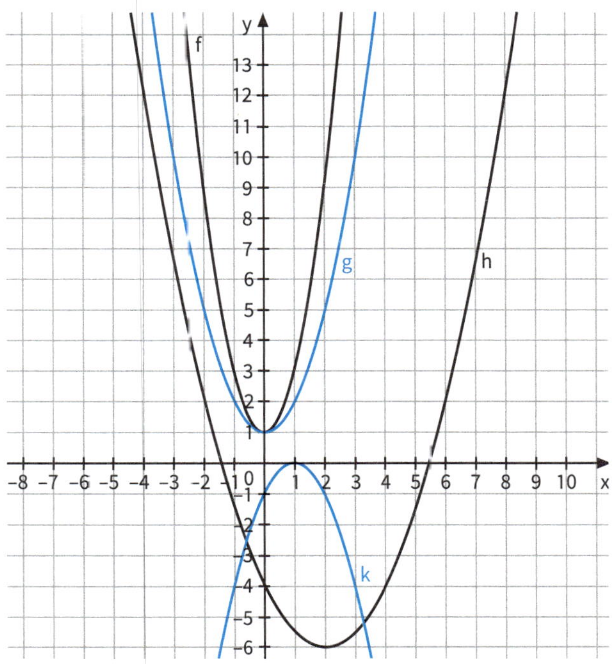

⑤ a) Erstelle jeweils eine Wertetabelle für x = −3, −2, … , 2, 3 zu der quadratischen Funktion.

(1) $y = x^2 - 3$ (2) $y = -x^2 + 2x - 6$

b) Zeichne den Graphen und gib jeweils den Scheitelpunkt an. S_1 (___ | ___) S_2 (___ | ___)

⑧ Gleichungen und Graphen (von S. 8)

Ordne den Graphen (g_1, g_2, … g_6) die zugehörige Funktionsgleichung zu. Zwei Gleichungen passen zu keinem Graphen.

$y = -0{,}5\,x^2$	$y = -2\,x^2$
$y = x - 2$	$y = 2\,x^2$
$y = -x - 2$	$y = -x + 2$
$y = x^2 + 2x + 2$	$y = 0{,}5\,x^2$

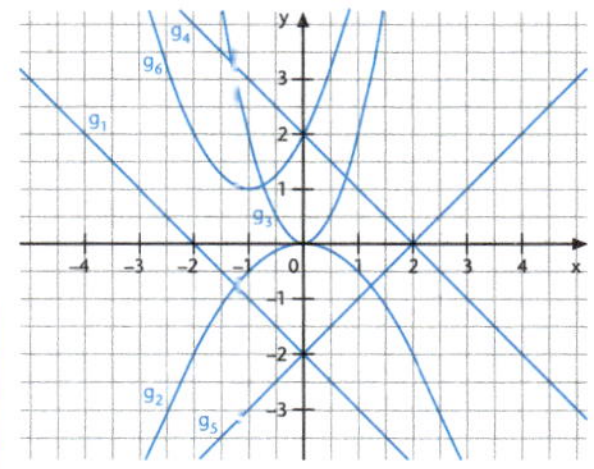

http://nale.fi/wkar

http://nale.fi/qavh

g_1, g_4 und g_5 haben Geradengleichungen der Form $y = mx + n$. Sie steigen bei $m > 0$ und fallen bei $m < 0$; der y-Achsenabschnitt ist n.

Also gilt:
g_1: $y = -x - 2$; g_4: $y = -x + 2$; g_5: $y = x - 2$
g_2, g_3 und g_6 haben Parabelgleichungen der Form $y = ax^2 + bx + c$. Sie schneiden die y-Achse bei c; für $b = 0$ liegt der Scheitelpunkt auf der y-Achse.
Für $a > 0$ ist die Parabel nach oben geöffnet, für $a < 0$ nach unten geöffnet.
Für $|a| > 1$ ist sie enger als die Normalparabel (gestreckt), für $0 < |a| < 1$ ist sie breiter als die Normalparabel (gestaucht).

Also gilt:
g_2: $y = -0{,}5x^2$; g_3: $y = 2x^2$; g_6: $y = x^2 + 2x + 2$

http://nale.fi/ktvw

9 Parabeln in versch. Darstellungen (von S. 8)

Eine Parabel hat den Scheitelpunkt S (3 | –15) und ist gegenüber der Normalparabel um den Faktor a = 2 gestreckt. Gib die Scheitelpunktform der Parabel an und wandle diese in die allgemeine Form um.

Eine Parabel mit dem Scheitelpunkt S (e | f) wird durch die Scheitelpunktform $f(x) = a\,(x - d)^2 + e$ beschrieben.
Um die gesuchte Scheitelpunktform aufzustellen, notierst du dir am besten erstmal alle gegebenen Werte.
Aus S (3 | –15) folgt: d = 3 und e = –15
Zudem ist der Faktor a gegeben: a = 2
Diese Werte setzt du in die Scheitelpunktform ein: $\mathbf{f(x) = 2\,(x - 3)^2 - 15}$
Die allgemeine Form der quadratischen Funktion erhältst du dann, indem du die Gleichung umformst:

$f(x) = 2\,(x - 3)^2 - 15$ | bin. Formel anwenden
$f(x) = 2\,(x^2 - 6x + 9) - 15$ | ausmultiplizieren
$f(x) = 2x^2 - 12x + 18 - 15$ | zusammenfassen
$\mathbf{f(x) = 2x^2 - 12x + 3}$

1 Eine Parabel hat den Scheitelpunkt S (2 | –3) und ist gegenüber der Normalparabel um den Faktor a = 0,5 gestaucht.
Gib die Scheitelpunktform der Parabel an und wandle diese in die allgemeine Form um.

Scheitelpunktform: ____________________

Allgemeine Form: ____________________

2 Forme die Gleichung der quadratischen Funktion in die Scheitelpunktform um und gibt die Koordinaten des Scheitelpunkts an.

TIPP
Mit der quadratischen Ergänzung bringst du den Funktionsterm $y = ax^2 + bx + c$ in die Scheitelpunktform $f(x) = a\,(x - d)^2 + e$.

a) $y = x^2 + 4x + 1$ S (___ | ___)

b) $y = 2x^2 - 20x + 2$ S (___ | ___)

c) $y = -0{,}5x^2 + 8x + 4$ S (___ | ___)

d) $y = -4x^2 - 12x + 2$ S (___ | ___)

3 Eine Parabel wird durch die Gleichung $f(x) = -1{,}5\,(x + 4)^2 + 8$ beschrieben.

a) Gib ihren Scheitelpunkt an. S (___ | ___)

b) Beschreibe, wie man die Parabel mit der o. g. Gleichung aus der Normalparabel gewinnen kann.

____

____

____

____

TIPP
Eine *Parabel* mit dem Scheitelpunkt S (d | e) wird durch die Scheitelpunktform $f(x) = a\,(x - d)^2 + e$ beschrieben.
Am Faktor a kannst du erkennen, ob die Parabel gestreckt oder gestaucht und nach oben oder unten geöffnet ist.

c) Wandle die Scheitelpunktform in die allgemeine Form um. ____________________

4 Lukas behauptet, dass diese drei Gleichungen dieselbe Funktion beschreiben:

(1) $f(x) = (x - 1{,}5)^2 - 20{,}25$
(2) $g(x) = x^2 - 3x - 18$
(3) $h(x) = (x + 3) \cdot (x - 6)$

Überprüfe rechnerisch, ob Lukas recht hat.

5 Gib den Scheitelpunkt der angegebenen Funktion an, dann bestimme – wie im Beispiel – ihre Nullstellen.

a) $y = (x - 2)^2 - 1$ b) $y = (x + 4)^2 - 16$

c) $y = 0{,}5\,(x + 4)^2 - 8$ d) $y = -2{,}5\,(x + 1)^2 + 10$

$y = (x + 3)^2 - 4$ S(–3 | 4)
$(x + 3)^2 - 4 = 0$
$(x + 3)^2 = 4$
$x + 3 = \sqrt{4}$ oder $x + 3 = \sqrt{4}$
$x_1 = -1$ $x_2 = -5$

① Welcher Graph passt zu der Sachsituation?

(A) Eine Ferienwohnung kostet pro Tag 45 €. Unabhängig von der Mietdauer werden für die Endreinigung 30 € verlangt.

(B) Die Busreise von Köln nach Prag kostet pro Person 45 €.

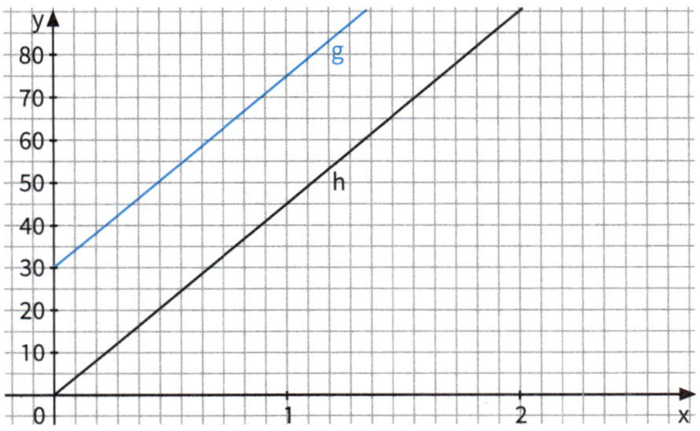

Situation A: ________ Situation B: ________

② Die im Koordinatensystem dargestellte Funktion gibt den Zusammenhang zwischen der Futtermenge und der Zeit an.

a) Wie viel kg Futter sind zu Beginn vorhanden?

____

b) Nach wie vielen Tagen ist die Futtermenge aufgebraucht?

____

c) Bestimme die Funktionsgleichung.

____

③ Zeichne die Graphen der linearen Funktionen $y = -3x + 4$ und $y = 4x - 3$ in ein Koordinatensystem.
Gib die Koordinaten des Schnittpunkts der beiden Graphen an. S (___|___)

⑩ Lineare Funktion – Füllmenge (von S. 8)

Die im Koordinatensystem dargestellte Funktion stellt den Zusammenhang zwischen der Füllmenge in einem Bewässerungstank und der Zeit dar.

a) Wie viel Liter Wasser sind am Anfang im Tank?
b) Bestimme, um wie viel Liter pro Minute die Wassermenge abnimmt.
c) Gib die Funktionsgleichung an.

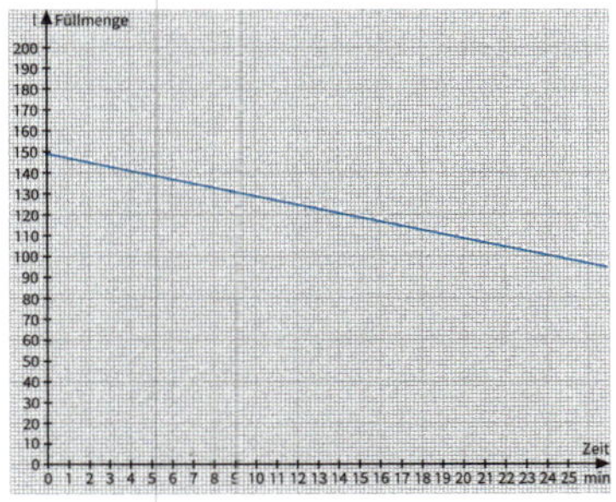

http://nale.fi/xthp

Zu a)
Der Graph schneidet die y-Achse an der Stelle 150. Am Anfang sind **150 *l*** im Tank.

Zu b)
Wir suchen uns zwei Punkte, deren Koordinaten gut ablesbar sind, z. B. A(0|150) und B(15|120).
Aus den Koordinaten lesen wir ab:
In 15 Minuten nimmt die Füllmenge um 30 *l* ab.
In 1 Minute nimmt sie dann um **2 *l*** (= 30 *l* : 15) ab.

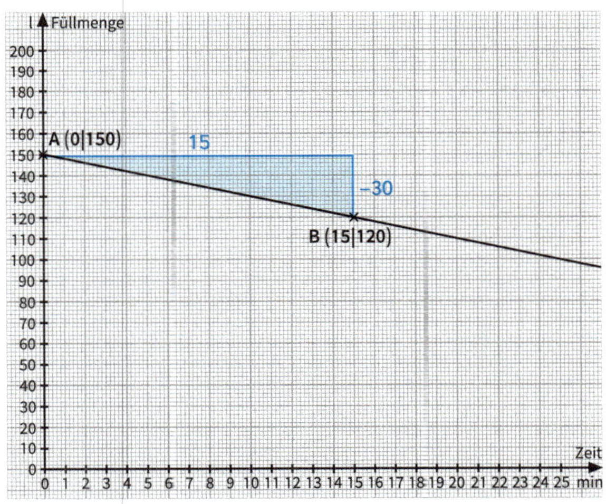

Zu c)
Bei der allgemeinen Funktionsgleichung $y = mx + n$ gibt m die Steigung des Graphen an und n den y-Achsenabschnitt.
In diesem Beispiel ist $n = 150$.
Da der Graph fällt, ist $m = -\frac{30}{15} = -2$.
Die Funktionsgleichung lautet also:
$\mathbf{y = -2x + 150}$

http://nale.fi/mkhe

11 Exponentielles Wachstum (von S. 8)

Eine Stadt hat 42 000 Einwohner. Es wird damit gerechnet, dass die Einwohnerzahl in den nächsten fünf Jahren jährlich um 2 % zunimmt.
Berechne, wie viele Einwohner die Stadt in fünf Jahren voraussichtlich haben wird.

Die voraussichtliche Entwicklung der Einwohnerzahl soll jährlich 2 % betragen, die Anfangsgröße beträgt 42 000.
Es handelt sich um exponentielle Zunahme.
Also ist $q = 1 + 2\,\% = 1 + \frac{2}{100} = 1{,}02$.
Die berechneten Werte müssen dann auf die Einerstelle gerundet werden, da Einwohnerzahlen stets natürliche Zahlen sind.

1. Lösungsweg:

Jahr	0	1	2	3	4	5
Größe	42 000	42 840	43 696,8	44 570,74	45 462,15	46 371,39

· 1,02 · 1,02 · 1,02 · 1,02

Nach 5 Jahren hat die Stadt voraussichtlich **46 371** Einwohner.

2. Lösungsweg:
Wenn die Werte einer exponentiell zu- oder abnehmenden Größe über mehrere Schritte hinweg berechnet werden, kann man auch Potenzen des Wachstumsfaktors q verwenden.
Hat die Größe den Anfangswert G, dann gilt für den Wert G_n (nach n Schritten):

$$G_n = G \cdot \underbrace{q \cdot \ldots \cdot q}_{n\text{-mal}} = G \cdot q^n$$

$G = 42\,000 \quad q = 1{,}02 \quad n = 5$
$G_5 = 42\,000 \cdot 1{,}02^5 \approx 46\,371$
Nach 5 Jahren hat die Stadt voraussichtlich 46 371 Einwohner.

1 In einer Bakterienkultur wurden 20 000 Bakterien gezählt. Ihre Anzahl nimmt pro Stunde um 4 % zu. Berechne mithilfe der Tabelle die Anzahl von Bakterien, die nach 4 Stunden zu erwarten sind. Runde sinnvoll.

Stunde	0	1	2	3	4
Anzahl	20 000				

Antwort: ______________________________

____

TIPP
Aus einer Prozentangabe p % lässt sich der Wachstumsfaktor q bestimmen.
– Bei exponentieller Zunahme: $q = 1 + p\,\% = 1 + \frac{p}{100}$
– Bei exponentieller Abnahme: $q = 1 - p\,\% = 1 - \frac{p}{100}$

2 Ergänze die Wertetabellen so, dass exponentielles Wachstum vorliegt.

a)

x	20	19	18	17
y	5	3		

b)

x	1	2	3	4
y		12	18	

3 Aus einer Kleinstadt mit 12 000 Einwohnern ziehen pro Jahr etwa 2 % in die Großstadt ab. Erläutere, was mit dem Term $12\,000 \cdot 0{,}98^8$ berechnet wird.

____

____

____

4 Elifs Familie hat am Tag ihrer Geburt 2 000 € auf ein Bankkonto gelegt. Das Kapital wird seither jährlich mit 2,5 % verzinst.
Bestimme mithilfe der Potenz des Wachstumsfaktors q, auf welchen Betrag das Guthaben an Elifs 18. Geburtstag angewachsen ist.
Guthaben am 18. Geburtstag:

TIPP
Eine Anfangsgröße G ändert sich *exponentiell,* wenn sich ihr Wert in gleichen (zeitlichen) Abständen immer um denselben Faktor q ändert.

5 Ein 100 m² großer See ist zur Hälfte mit Seerosen bedeckt. Die Seerosenfläche vergrößert sich in einem Monat um 5 %.
Bestimme, nach wie vielen Monaten der gesamte See von Seerosen bedeckt ist.

Geometrie

(1) Ein Rechteck hat einen Umfang von 18 cm. Wie breit und wie lang könnte es sein? Gib alle ganzzahligen Möglichkeiten an.

Breite	Länge

(2) Ein Baugrundstück ist rechteckig und hat die Maße 32 m x 24 m.

a) Wie viel Quadratmeter ist es groß?

b) Wie teuer ist das Grundstück, wenn es pro Quadratmeter 75 € kostet?

12 Rechteck (von S. 9)

Ein Rechteck ist 8 cm lang und hat einen Umfang von 30 cm. Wie groß ist sein Flächeninhalt?

http://nale.fi/hkrc

Skizze:

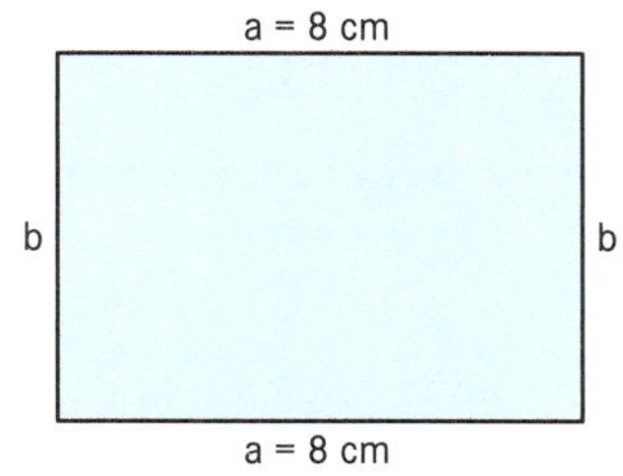

Gegeben:
Länge einer Rechteckseite: $a = 8$ cm
Umfang des Rechtecks: $u = 2a + 2b = 30$ cm
Gesucht: Flächeninhalt A des Rechtecks
Um $A = a \cdot b$ zu ermitteln, wird die Länge der zweiten Rechteckseite b benötigt.

$$u = 2 \cdot a + 2 \cdot b$$
$$30\text{ cm} = 2 \cdot 8\text{ cm} + 2b$$
$$30\text{ cm} = 16\text{ cm} + 2b \quad | -16\text{ cm}$$
$$14\text{ cm} = 2b \quad | :2$$
$$7\text{ cm} = b$$

$$A = a \cdot b$$
$$A = 8\text{ cm} \cdot 7\text{ cm}$$
$$\mathbf{A = 56\text{ cm}^2}$$

(3) Ein Rechteck ist 7 cm breit und 3 cm länger als breit. Berechne Flächeninhalt und Umfang dieses Rechtecks.

A = ______________________________

u = ______________________________

(4) Ein alter Sportplatz wird umgebaut. Im blau gefärbten Teil wird ein Bolzplatz mit einem Kunststoffboden angelegt. Auf dem restlichen Teil des alten Platzes wird Rasen gesät.

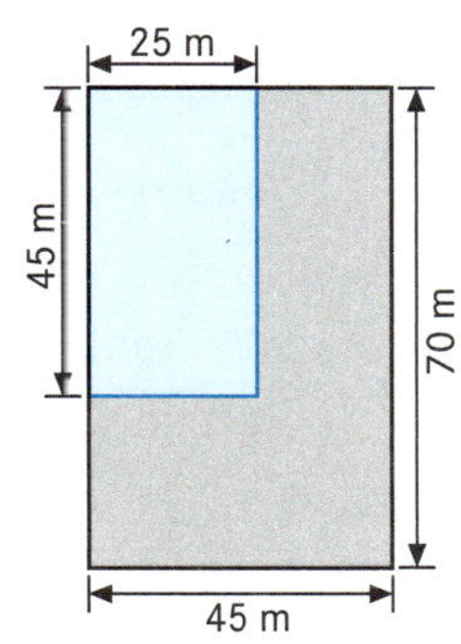

a) Der Bolzplatz wird von einem hohen Drahtzaun eingefasst. An drei Stellen im Zaun sind ein Meter breite Türen eingelassen.
Wie viele Meter Drahtzaun werden benötigt?

______________ m

b) Berechne, wie viele Quadratmeter Kunststoffboden benötigt werden.

______________ m^2

c) Ein Sack mit 25 kg Rasensamen reicht für 800 m^2. Ermittle, wie viele Säcke Rasensamen für den neuen Rasen gekauft werden müssen.

______________ Säcke

http://nale.fi/uosw

13 Dreieck im Koordinatensystem (von S. 9)

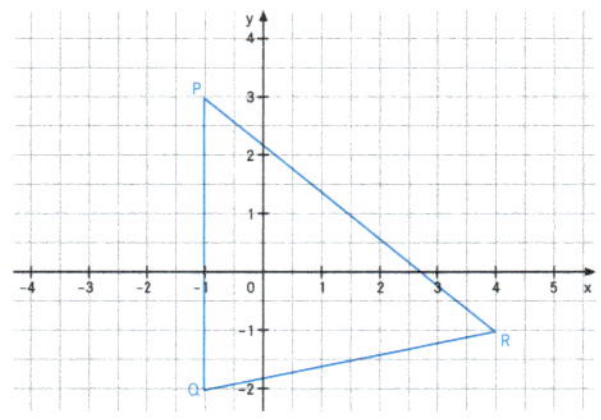

a) Gib die Koordinaten der Punkte P, Q, R an.
b) Welchen Flächeninhalt hat das Dreieck PQR?
c) Trage den Punkt S (4|4) in das Koordinatensystem ein. Wie heißt die Figur PQRS?
d) Bestimme den Flächeninhalt der Figur PQRS.

Zu a)
P (–1 | 3); Q (–1 | –2); R (4 | –1)

Zu b)
$g = 5\text{ cm};\ h = 5\text{ cm} \rightarrow A = \frac{5\text{ cm} \cdot 5\text{ cm}}{2} = \mathbf{12{,}5\text{ cm}^2}$

Zu c)
Die Figur PQRS ist ein **Parallelogramm**.

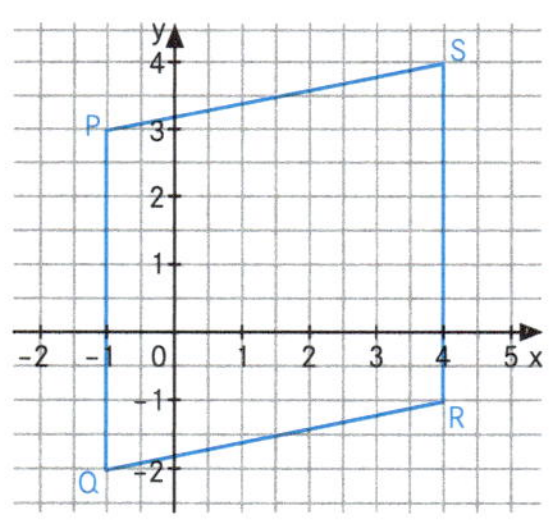

Zu d)
$A = g \cdot h$
$A = 5\text{ cm} \cdot 5\text{ cm}$
$\mathbf{A = 25\text{ cm}^2}$

① Zeichne das Dreieck ABC mit A (–3 | 3,5), B (–3 | 0) und C (3 | 1) in das Koordinatensystem mit der Einheit 1 cm.

a) Welchen Flächeninhalt hat das Dreieck?

b) Finde einen vierten Punkt D so, dass das Viereck ABDC ein Parallelogramm ist. Gib die Koordinaten des Punktes D an.

c) Welchen Flächeninhalt hat das Viereck ABDC?

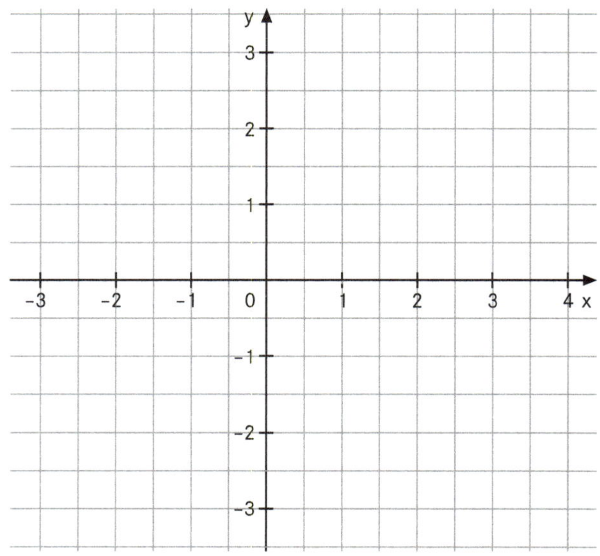

② Trage die Punkte A (–3 | 1), B (4 | 1) und C (4 | 4) in das Koordinatensystem ein und verbinde sie zu einem Dreieck.

a) Berechne den Flächeninhalt des Dreiecks.

____

b) Markiere den Mittelpunkt M der Seite $\overline{BC}$. Gib die Koordinaten des Punktes M an.

____

c) Zeichne durch den Punkt M die Parallele zu $\overline{AB}$. Sie trifft $\overline{AC}$ im Punkt D.
Wie heißt das Viereck ABMD? ____________________
Berechne seinen Flächeninhalt.

____

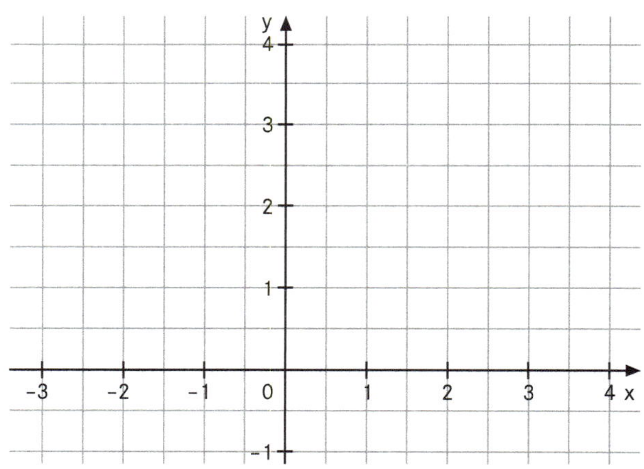

③ Zeichne das Dreieck ABC mit A (–2 | –2), B (5 | 2) und C (–2 | 2) in ein Koordinatensystem (1 LE ≙ 1 cm).

a) Spiegele den Punkt C an der Geraden AB und gib die Koordinaten des Spiegelpunkts C′ an.

C′ (___ | ___)

b) Wie heißt das Viereck AC′BC? Berechne seinen Umfang und seinen Flächeninhalt.

(1) Der Boden eines quaderförmigen Aquariums hat die Innenmaße 8 dm x 4,5 dm. Das Aquarium ist 6 dm hoch und bis 5 cm unter dem Rand gefüllt.
Wie viel Liter Wasser befinden sich in diesem Aquarium?

TIPP

Volumen
Die Umwandlungszahl ist 1000.
1000 mm^3 = 1 cm^3
1000 cm^3 = 1 dm^3
1000 dm^3 = 1 m^3
1 dm^3 = 1 *l* 1 *l* = 1000 ml
1 cm^3 = 1 ml

(14) Umzug (von S. 9)

Für den Transport von 90 Umzugskartons sucht Familie Meyer bei einer Leihfirma ein geeignetes Fahrzeug. Ein Karton hat folgende Abmessungen (in mm):
600 x 330 x 340.
Es stehen Transporter mit einem Ladevolumen von 5,8 m^3 und 9,5 m^3 zur Auswahl. Welchen Transporter würdest du empfehlen? Begründe rechnerisch.

http://nale.fi/eddw

Zunächst muss das Volumen eines Kartons berechnet werden.
Für Quader gilt die Volumenformel:
V = Länge · Breite · Höhe
V = 600 mm · 330 mm · 340 mm
= 0,6 m · 0,33 m · 0,34 m
= 0,06732 m^3
90 Kartons haben das Volumen:
90 · 0,06732 m^3 = 6,0588 m^3
Zu empfehlen ist der Transporter mit dem **Ladevolumen von 9,5 m^3.**

(2) Berechne das Volumen und den Oberflächeninhalt des Quaders. Entnimm die benötigten Maße aus dem abgebildeten Quadernetz.

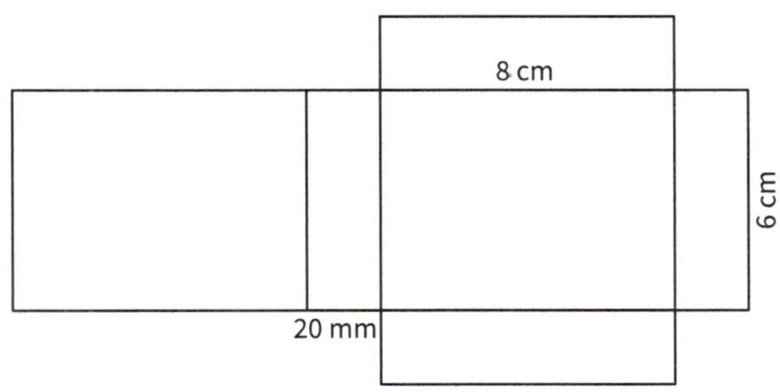

V = ____________ cm^3 O = ____________ cm^2

(3) Ein Quader ist 0,7 m lang, 20 cm breit und 30 mm hoch.
Bestimme das Volumen des Quaders (in cm^3).

V = ______________________________

(4) Ein Schwimmbecken ist 25 m lang und verfügt über acht Bahnen von je 1,50 m Breite. Es ist an allen Stellen gleich tief und fasst 750 m^3 Wasser. Wie tief ist es?

____

(5) Ein Quader ist doppelt so lang wie breit und dreimal so hoch wie breit. Sein Volumen beträgt 48 cm^3. Wie breit ist der Quader?

Breite = ____________ cm

(6) Eine Baugrube ist 4 m lang, 2,50 m breit und 1,80 m tief.

a) Wie viele Kubikmeter Erde mussten ausgehoben werden? ______________

b) Ein Kubikmeter Erde wiegt 1700 kg. Berechne die Masse des Erdaushubs in Tonnen.

____

http://nale.fi/apqg

15 Zylinder (von S. 9)

a) Skizziere das Netz eines Zylinders.
b) Ein Zylinder hat eine Grundfläche mit dem Radius 14 cm und ist 8 cm hoch.
Bestimme den Oberflächeninhalt des Zylinders gerundet auf ganze cm^2.

Zu a)
Netz:

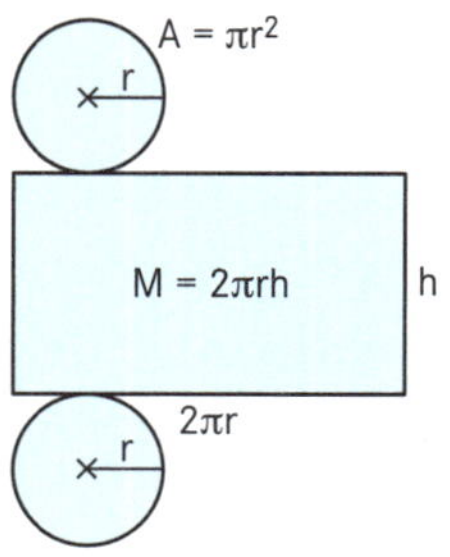

Zu b) $O = 2\pi r^2 + 2\pi rh$

$O = 2\pi \cdot (14\text{ cm})^2 + 2\pi \cdot 14\text{ cm} \cdot 8\text{ cm}$

$O = 2\pi \cdot 196\text{ cm}^2 + 2\pi \cdot 112\text{ cm}^2$

$O \approx 1935\text{ cm}^2$

1 Der Mittelkreis eines Fußballfeldes hat einen Radius von 9,15 m.

Berechne seinen Umfang und seinen Flächeninhalt.

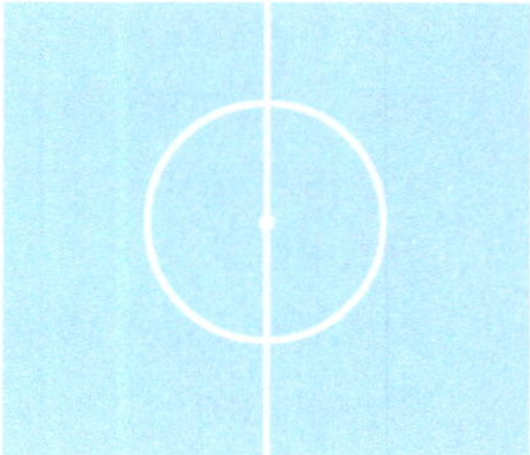

u = ______________________

A = ______________________

2 Die Reifen von Laras Fahrrad haben einen Durchmesser von 26 Zoll. (1 Zoll = 2,54 cm)

a) Welchen Umfang hat ein Reifen?

u = ______________________

b) Lara fährt 4,6 km zur Schule. Bestimme, wie oft sich dabei jeder der beiden Reifen dreht.

____

3 a) Skizziere das Netz des abgebildeten Zylinders.

b) Berechne den Flächeninhalt seines Mantels und seiner Oberfläche.

M = ______________ cm^2 O = ______________ cm^2

c) Berechne sein Volumen in Litern. V = ______________ *l*

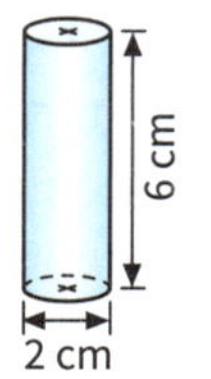

4 Abgebildet ist der Mantel eines 8 cm hohen Zylinders.
Berechne Durchmesser und Volumen des Zylinders.

d = ______________ cm V = ______________ cm^3

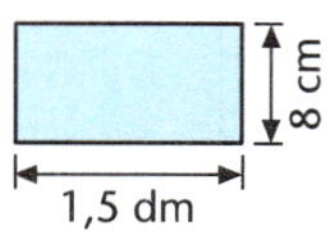

5 Familie Meier kauft einen Pool für den Garten. Er hat einen Durchmesser von 3,05 m und eine Höhe von 76 cm.

a) Berechne die Größe der Bodenfläche. G = ______________

b) Der Pool wird bis 6 cm unter den oberen Rand mit Wasser gefüllt.
1 m^3 Wasser kostet 1,68 €.

Wie teuer wird eine Poolfüllung? ______________

6 Eine Dose Suppe hat einen Durchmesser von 10,4 cm und eine Höhe von 12 cm.

a) Auf der Banderole (Dosenmantel) ist ein Inhalt von 1 000 ml angegeben. Überprüfe, ob diese Angabe zutrifft.

b) Berechne, wie viele Quadratmeter Papier man zur Herstellung von 50 000 Banderolen braucht.

① Berechne x.

a)

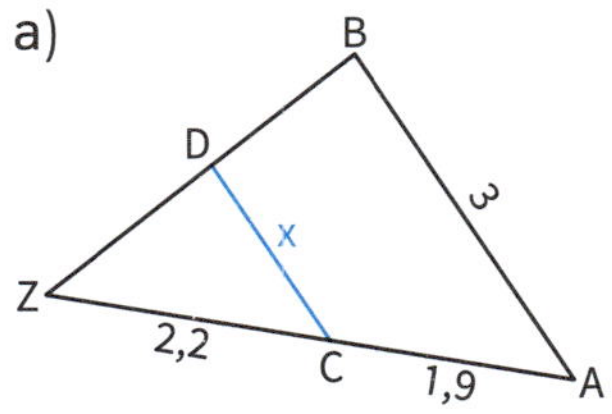

x = ____________

b)

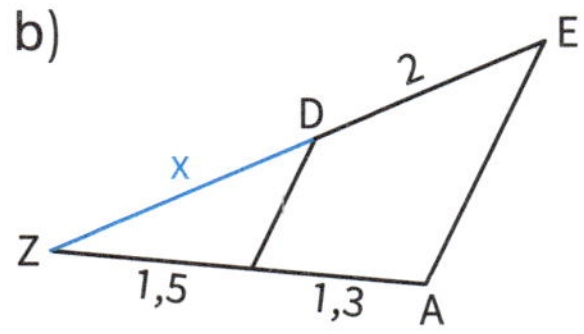

x = ____________

TIPP

Zentrische Streckung
Das Verhältnis entsprechender Strecken ist immer gleich.

② Fins Augenhöhe beträgt 1,75 m. Er peilt über den Stab die Spitze des Hausdaches an.
Wie hoch ist das Haus?

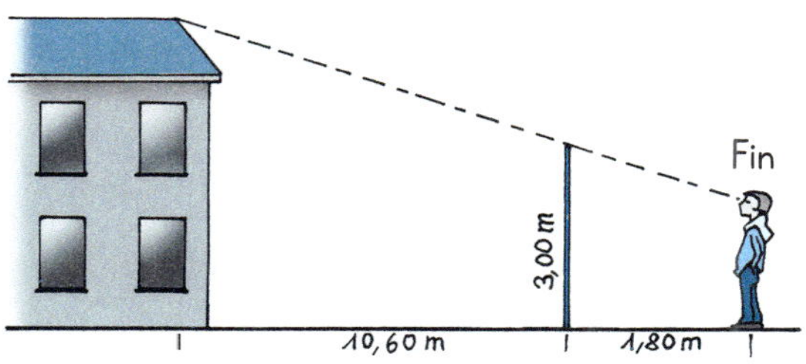

⑯ Buchstaben-Design (von S. 10)

(von S. 10)

Emil entwirft neue Schriftarten für den Computer. Er beginnt mit dem Buchstaben A (siehe Abbildung rechts). Den noch fehlenden Querstrich möchte er so einzeichnen, dass er

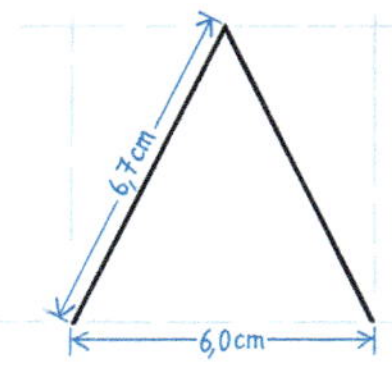

- $\frac{1}{3}$ der unteren Breite des Buchstabens als Länge hat und
- parallel zum Boden verläuft.

Berechne, wo Emil den Querstrich einzeichnen muss. Zeichne den Buchstaben auf ein extra Blatt. Zeichne den Querstrich ein und überprüfe an der Zeichnung deine Berechnung.

Gesucht ist $\overline{SC}$ bzw. $\overline{SD}$. Da die beiden Strecken $\overline{CD}$ und $\overline{AB}$ parallel zueinander verlaufen, kann man den Strahlensatz anwenden.

$\overline{CD} = \frac{1}{3} \cdot \overline{AB} = \frac{1}{3} \cdot 6\text{ cm} = 2\text{ cm}$

Mit Strahlensatz:

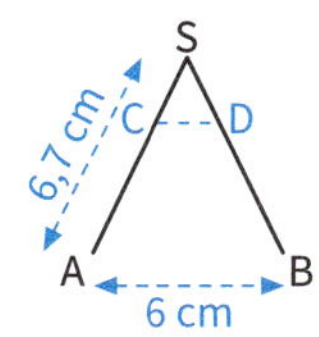

$$\frac{\overline{SC}}{\overline{SA}} = \frac{\overline{CD}}{\overline{AB}}$$

$$\frac{\overline{SC}}{6{,}7\text{ cm}} = \frac{2\text{ cm}}{6\text{ cm}} \quad | \cdot 6{,}7\text{ cm}$$

$$\overline{SC} = \frac{2\text{ cm} \cdot 6{,}7\text{ cm}}{6\text{ cm}}$$

$$\overline{SC} = 2{,}2\overline{3}\text{ cm}$$

Wenn man genau gezeichnet hat, sollte man in der Zeichnung ungefähr **2,2 cm als Länge** der Strecke messen.

③ Es gilt: $\overline{XY}$ ist parallel zu $\overline{VW}$; $\frac{1}{3}\overline{UX} = \overline{UV}$
Welche der folgenden Gleichungen ist richtig? Begründe deine Antwort.

☐ $\frac{1}{3}\overline{VW} = \overline{XY}$ ☐ $\overline{VW} = 3 \cdot \overline{XY}$ ☐ $\overline{VW} \cdot \overline{XY} = \frac{1}{3}$ ☐ $3 \cdot \overline{VW} = \overline{XY}$

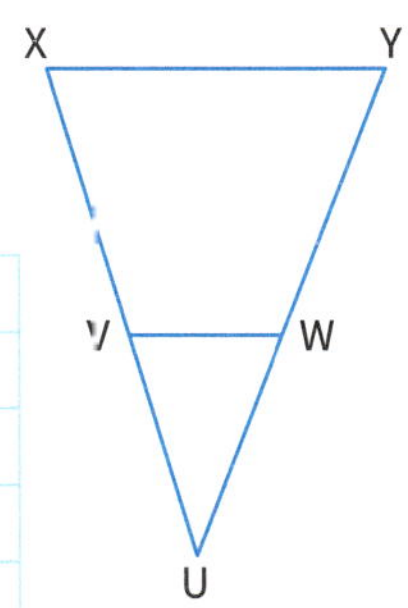

④ Hanna ist 1,50 m groß und wirft einen 1,20 m langen Schatten. Der neben ihr laufende Sebastian hat zum gleichen Zeitpunkt einen Schatten von 1,45 m.
Wie groß ist Sebastian?

____

http://nale.fi/ykws

17 Drachen (von S. 10)

Sven hat einen Drachen gebaut. Die beiden kürzeren Seiten a und b sind jeweils 25 cm lang und schließen einen rechten Winkel ein. Die Längen der beiden Diagonalen e und f verhalten sich wie 2 : 3.

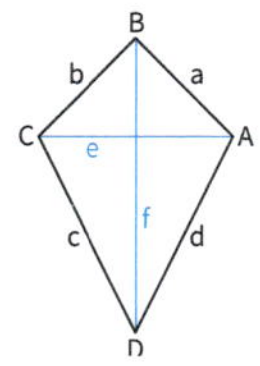

a) Berechne die Längen der beiden Diagonalen.
b) Rund um den Drachen wurde eine Schnur gespannt. Wie lang ist sie?

Zu a)
In dem Teildreieck ABC ist bei B ein rechter Winkel; a und b sind die Katheten und e ist die Hypotenuse. Es gilt der Satz des Pythagoras:
$a^2 + b^2 = e^2$.
$(25\text{ cm})^2 + (25\text{ cm})^2 = e^2$

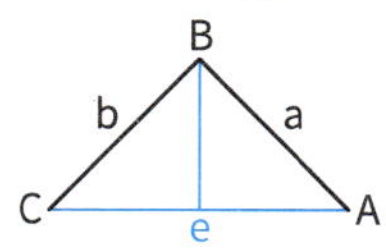

$e^2 = 1250\text{ cm}^2 \rightarrow$ **$e \approx 35{,}36$ cm**
Das Seitenverhältnis von e zu f beträgt 2 : 3, d. h., f ist 3-mal so lang wie $\frac{e}{2}$, also

$f = 3 \cdot \frac{e}{2} = 3 \cdot 17{,}68$ cm **f = 53,04 cm.**

Zu b)
Die Längen der Seiten a und b des Drachens sind bereits gegeben. Zu berechnen ist noch die Länge der Seite c.

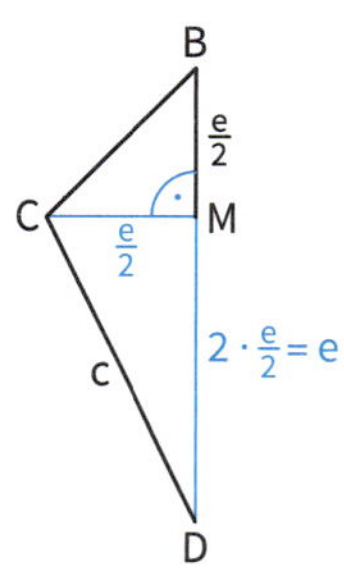

$\overline{BM} = \frac{e}{2}$, weil BCM ein gleichschenkliges Dreieck mit den Basiswinkeln 45° ist. $\overline{DM}$ ist doppelt so lang wie $\overline{BM}$.

Die Längen der Katheten im Dreieck CDM sind $\frac{e}{2}$ und $2 \cdot \left(\frac{e}{2}\right) = e$. Nach dem Satz des Pythagoras gilt damit: $c^2 = \left(\frac{e}{2}\right)^2 + e^2$

$c^2 = (17{,}68\text{ cm})^2 + (35{,}36\text{ cm})^2 = 1562{,}912\text{ cm}^2$
$c \approx 39{,}53$ cm

Die Länge der Schnur entspricht dem Umfang des Drachenvierecks:
$u = 2 \cdot 25\text{ cm} + 2 \cdot 39{,}53\text{ cm} \approx 129$ cm.
Die Schnur rund um den Drachen ist ungefähr **130 cm lang.**

1. Formuliere für die folgenden Dreiecke zuerst den Satz des Pythagoras mit den gegebenen Bezeichnungen und berechne dann die fehlende Seitenlänge.

a)
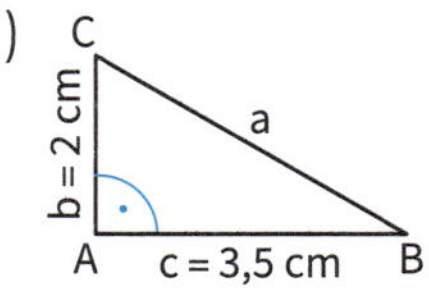

b)
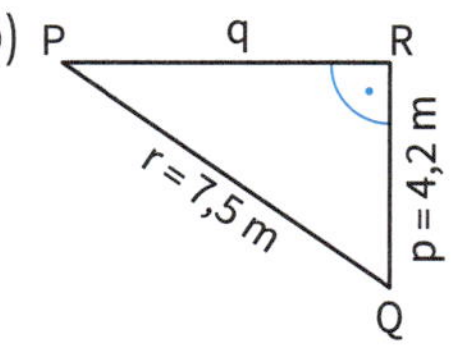

2. Überprüfe mit einer Rechnung, ob das Dreieck ABC mit a = 5 cm, b = 12 cm und c = 13 cm rechtwinklig ist.

3. Die Punkte A (5 | 2), B (1 | −1) und C (5 | −4) und D sind die Eckpunkte einer Raute.

   a) Zeichne die Raute und gib die Koordinaten von D an.

   D(____|____)

   b) Berechne den Umfang und den Flächeninhalt der Raute.

   u = ______________; A = ______________

4. Der Bildschirm eines Fernsehgeräts ist 121,2 cm breit und 68,2 cm hoch. Berechne die Länge der Bildschirmdiagonalen in cm und in Zoll. (1 Zoll = 2,54 cm)

5. Lara muss für eine Flugreise ihre Trekkingstöcke in den Koffer packen. Zusammengeschoben sind die Stöcke 70 cm lang, ihr Koffer hat die Maße 58 cm x 38 cm x 20 cm. Braucht sie einen anderen Koffer? Begründe.

① g und h sind parallel.
Bestimme – ohne zu messen – die Größe der Winkel α, β, γ, δ und ε.
Begründe.

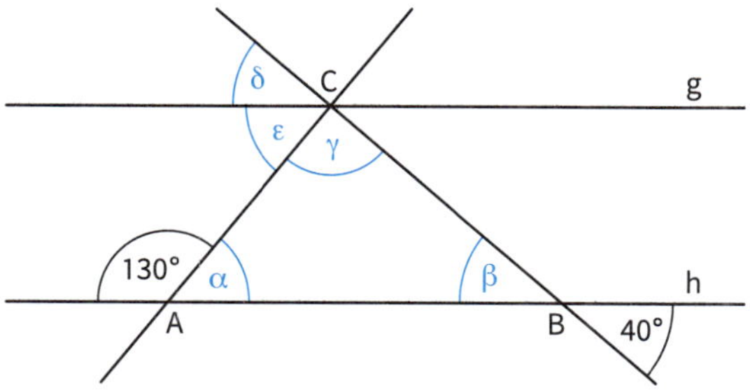

	Größe	Begründung
α		
β		
γ		
δ		
ε		

TIPP

Winkelsumme im Dreieck
Die Summe der Innenwinkel eines Dreiecks beträgt immer 180°.

② Die Geraden g und h sind parallel.

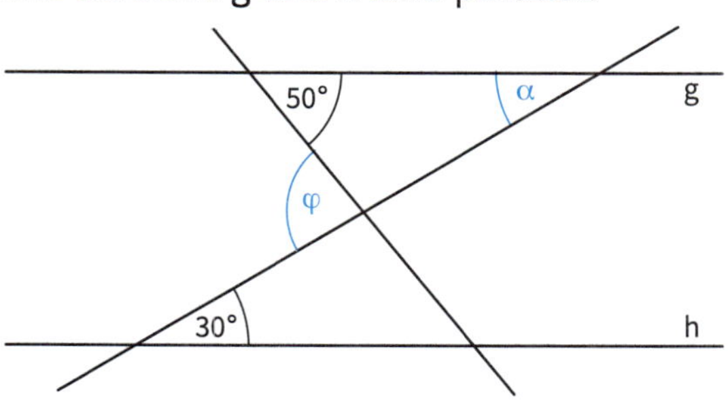

Bestimme die Größe der Winkel α und φ.

α = ____________ φ = ____________

⑱ Winkel (von S. 11)

In der Abbildung sind die Geraden g und h parallel.

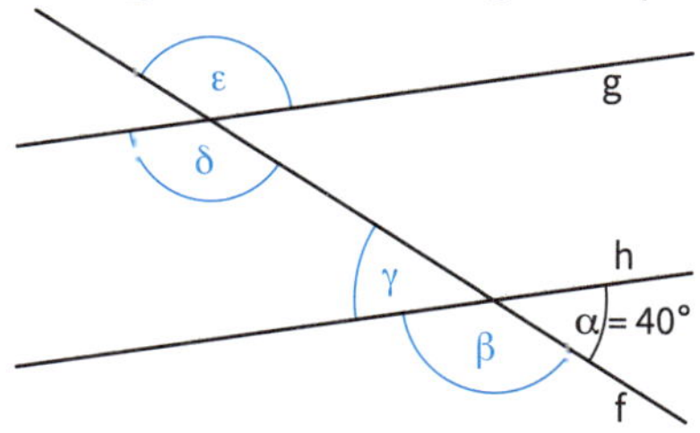

a) Bestimme, ohne zu messen, die Größe der Winkel β, γ, δ und ε. Begründe.
b) In einem Geometrieprogramm wird die Gerade f so gedreht, dass α = 105° groß ist. Wie verändern sich dadurch die Größen von β, γ, δ und ε?
Überprüfe deine Lösung durch eine Zeichnung.

Zu a)
β ist ein Nebenwinkel von α. Beide zusammen sind 180° groß.
β = 180° – α.
β = 180° – 40° = **140°**

γ ist als Scheitelwinkel von α genauso groß wie α, also **γ = 40°.**

δ ist ein Stufenwinkel zu β und damit genauso groß, also **δ = 140°.**

ε ist ein Scheitelwinkel zu δ oder auch ein Wechselwinkel zu β und damit ebenfalls 140° groß, also **ε = 140°.**

Zu b)
Wenn α = 105° beträgt, ist der Nebenwinkel β = 75° und der Scheitelwinkel γ = 105° groß. δ und ε sind so groß wie β, also ebenfalls 75°.

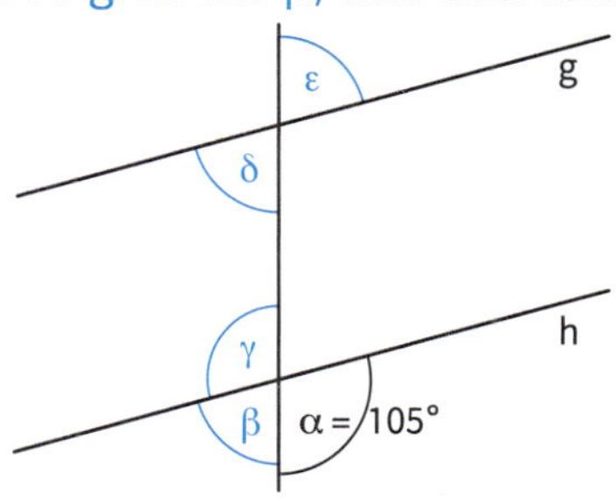

http://nale.fi/kggz

③ Begründe, dass in diesem Trapez gilt:
α + δ = 180° und β + γ = 180°.

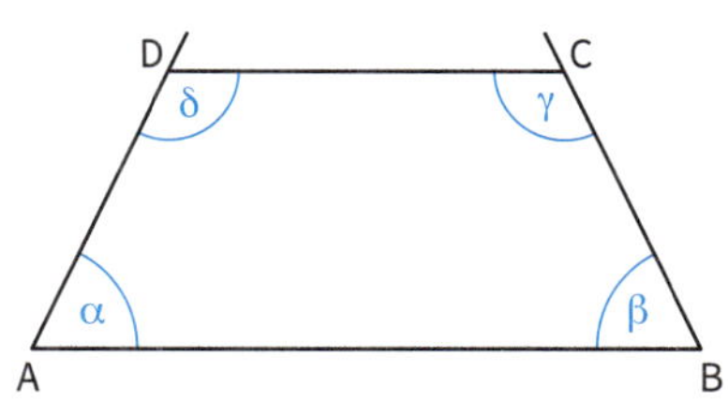

Daten und Zufall

http://nale.fi/qprf

⑲ Tablet (von S. 10)

Im Internet wird ein Tablet zu folgenden Preisen angeboten.

256 €	252 €	320 €	269 €	279 €

a) Gib den Median (Zentralwert), die Spannweite und das arithmetische Mittel der Preise an.
b) Berücksichtigt man noch ein sechstes Angebot, beträgt das arithmetische Mittel nur noch 264 €. Wie teuer ist das Tablet aus diesem Angebot?

Zu a)
Zuerst werden die Daten der Größe nach geordnet:
252 €; 256 €; **269 €;** 279 €; 320 €
Bei einer ungeraden Anzahl von Daten ist der Median der Wert in der Mitte. Bei einer geraden Anzahl von Daten stehen in der Mitte zwei Werte. Als Median gibt man dann das arithmetische Mittel dieser beiden Werte an.

Median: 269 €

Die Spannweite ist die Differenz zwischen dem größten und kleinsten Wert.

Spannweite: 320 € – 252 € = **68 €**

Beim arithmetischen Mittel werden alle Werte addiert und durch die Anzahl der Werte geteilt.

Arithmetisches Mittel:
(252 € + 256 € + 269 € + 279 € + 320 €) : 5
= 1376 € : 5 = **275,20 €**

Zu b)
x sei der Preis des neuen Angebots. Alle sechs Preise zusammen ergeben das Sechsfache des neuen arithmetischen Mittels von 264 €, also:

$$1376\text{ €} + x = 6 \cdot 264\text{ €}$$
$$1376\text{ €} + x = 1584\text{ €} \quad | -1376\text{ €}$$
$$x = 208\text{ €}$$

Beim sechsten Angebot kostet das Tablet **208 €.**

① Gib jeweils die Spannweite, den Median (Zentralwert) und das arithmetische Mittel der Stichprobe an.

a) 84,30 €; 65,80 €; 111,40 €;
99,70 €; 107,20 €

Spannweite: ________ Median: ________

Arithmetisches Mittel: ____________________

b) 4,50 m; 4,20 m; 5,10 m;
4,80 m; 5,30 m; 4,60 m

Spannweite: ________ Median: ________

Arithmetisches Mittel: ____________________

② Ein Fahrstuhl darf maximal 12 Personen befördern. Es steigen 12 Personen mit den auf dem Zettel angegebenen Gewichten ein.

78,5 kg	96 kg	81,4 kg	54,5 kg
67,5 kg	93,4 kg	72,2 kg	56,8 kg
98,6 kg	78,2 kg	73,8 kg	84,3 kg

Bei der Angabe „max. 12 Personen" wurde davon ausgegangen, dass die Personen durchschnittlich 80 kg wiegen.
Ist das hier so?

③ Sabine hat mit sieben Sprüngen für den Weitsprung-Wettbewerb trainiert. Hier sind die Weiten der ersten fünf Sprünge:

4,20 m	4,65 m	3,95 m	4,10 m	4,45 m

Der sechste Sprung war zugleich Sabines schlechteste Weite. Nach dem mittelmäßigen siebten Sprung stellt Sabine fest:

(1) Die Weitsprungdaten haben eine Spannweite von 90 cm.
(2) Das arithmetische Mittel der Sprungweiten ist 4,20 m.

Wie weit ist Sabine im sechsten und siebten Versuch gesprungen?

Weite im sechsten Versuch: ____________

Weite im siebten Versuch: ____________

(1) 2018 verbrauchte jeder Einwohner in Deutschland im Durchschnitt 122 Liter Trinkwasser. Davon entfielen 44 Liter auf Baden und Duschen, 33 Liter auf die Toilettenspülung, 17 Liter auf Wäsche waschen.
Fülle die Tabelle aus und stelle diese Anteile in einem Kreisdiagramm dar.

	Verbrauch	Anteil	Winkel
Baden/Duschen			
Toilette			
Wäsche			
Sonstiges (Rest)			

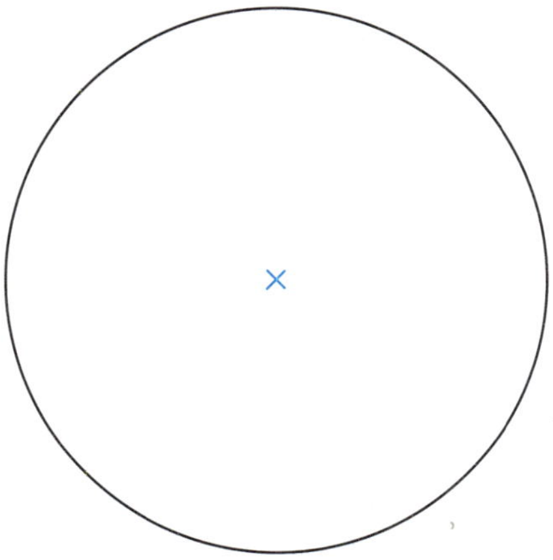

(2) Umsatzverteilung eines Online-Händlers:

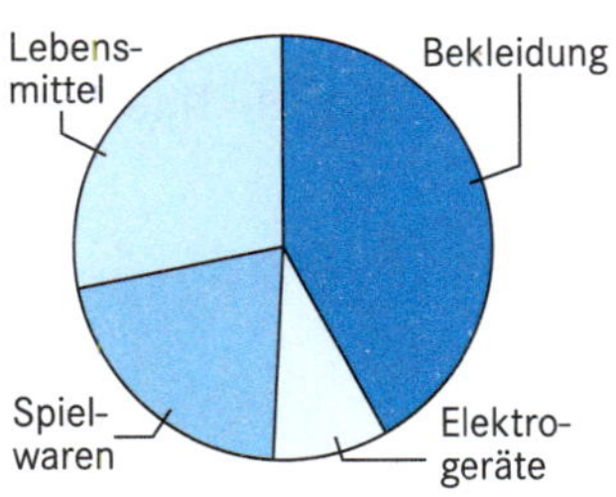

a) Bestimme, wie viel Prozent des Umsatzes er jeweils in den vier Bereichen gemacht hat.

Lebensmittel: _____ % Elektrogeräte: _____ %

Spielwaren: _____ % Bekleidung: _____ %

b) Insgesamt hat der Händler 128,6 Mio. Euro Umsatz gemacht. Wie verteilt sich diese Summe auf die vier Bereiche?

Lebensmittel: ________ Mio. €

Elektrogeräte: ________ Mio. €

Spielwaren: ________ Mio. €

Bekleidung: ________ Mio. €

(20) Nutzflächen in Deutschland (von S. 11)

http://nale.fi/knge

In dem Diagramm rechts wird dargestellt, wie die Flächen in Deutschland genutzt werden.

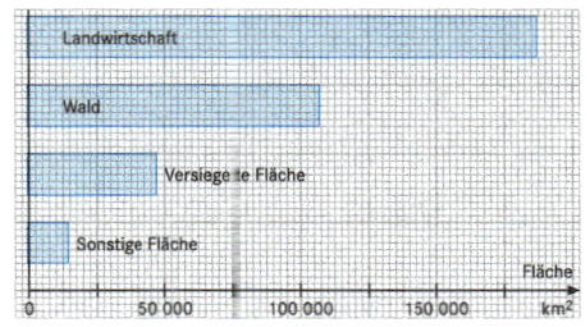

a) Wie viel km² entsprechen 1 mm?

b) (1) Lies aus dem Diagramm ab und fülle die Tabelle aus.
(2) Bestimme die relativen Häufigkeiten und trage sie in die Tabelle ein. Runde auf eine Nachkommastelle.
(3) Stelle die Anteile in einem Kreis- und einem Streifendiagramm dar.

Zu a) 20 mm ≙ 50 000 km²
1 mm ≙ 2 500 km²) : 20

Zu b)

	Flächeninhalt (in km²)	Relative Häufigkeit (in %)
Landwirtschaft	187 500	52,4
Wald	107 500	30,1
Versiegelte Fläche	47 500	13,3
Sonstige Fläche	15 000	4,2
Gesamtfläche	357 500	100

Die relative Häufigkeit berechnet man, indem man den Teilflächeninhalt durch den Gesamtflächeninhalt dividiert.

(3) Kreisdiagramm (1 % ≙ 3,6°)

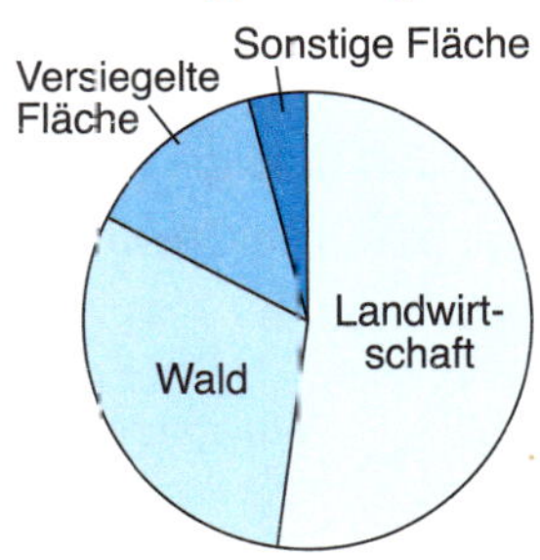

Landw.: 189°
Wald: 108°
vers. Fläche: 48°
Sonst. Fläche: 15°

Streifendiagramm

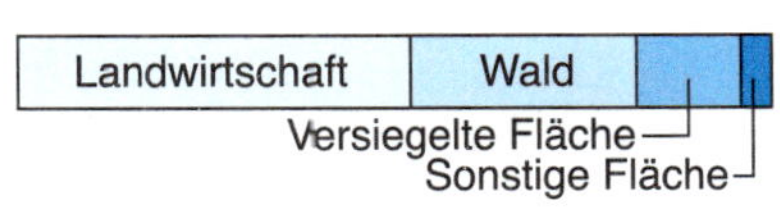

(5 cm lang)

Beim Streifendiagramm von 10 cm Länge ist jeder Abschnitt doppelt so lang: 1 % entspricht dann 1 mm.

http://nale.fi/yprf

21 Farbige Kugeln (von S. 11)

Aus einem Behälter mit 3 roten, 5 grünen und 2 blauen gleichartigen Kugeln wird eine verdeckt gezogen. Berechne die Wahrscheinlichkeiten für „blau" und für „nicht rot".

a) P (blau)   b) P (nicht rot)

$P(E) = \frac{\text{Anzahl der günstigen Ergebnisse}}{\text{Anzahl der möglichen Ergebnisse}}$

Zu a)

Möglich sind 10 Ergebnisse; günstig sind 2 Ergebnisse, da 2 der 10 Kugeln blau sind.

Also: P (blau) = $\frac{2}{10}$ = **0,2 = 20 %**

Zu b)

Möglich sind 10 Ergebnisse; günstig sind 7 Ergebnisse, da 7 der Kugeln nicht rot sind.

Also: P (nicht rot) = $\frac{7}{10}$ = **0,7 = 70 %**

1 Ein Würfel wird geworfen.

a) Gib zu folgenden Ereignissen die günstigen Ergebnisse an und berechne jeweils die Wahrscheinlichkeit des Ereignisses.

A: *Die Augenzahl ist gerade.*

A = {   } ; P(A) = ______

B: *Die Augenzahl ist durch 2 und durch 3 teilbar.*

B = {   } ; P(B) = ______

C: *Die Augenzahl ist durch 2 oder durch 3 teilbar.*

C = {   } ; P(C) = ______

b) Beschreibe ein weiteres Ereignis mit der Wahrscheinlichkeit $\frac{5}{6}$.

______

2

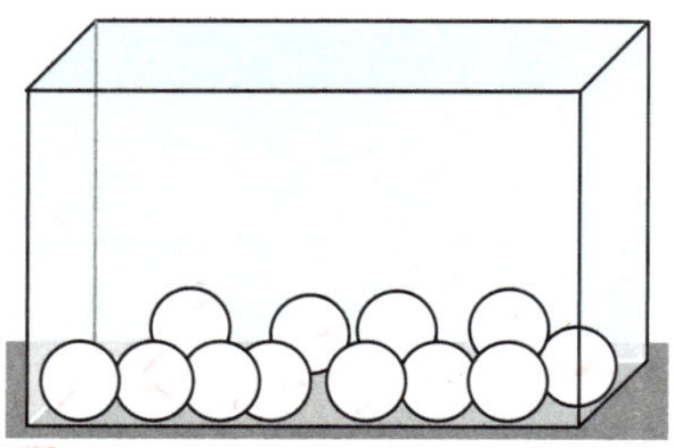

P (rot) = $\frac{1}{6}$
P (blau) = $\frac{1}{3}$
P (grün) = $\frac{1}{2}$

Färbe die Kugeln im Behälter links so, dass beim verdeckten Ziehen die angegebenen Wahrscheinlichkeiten bestehen.

3

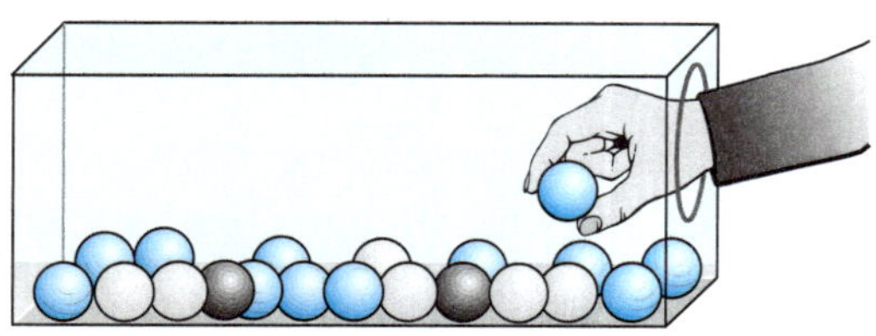

Aus dem Behälter links zieht Till mit verbundenen Augen eine Kugel.

a) Mit welcher Wahrscheinlichkeit zieht er eine weiße Kugel?
P (weiße Kugel) = ______

b) Mit welcher Wahrscheinlichkeit zieht er keine schwarze Kugel?
P (keine schwarze Kugel) = ______

4 Das Glücksrad rechts soll 4 farbige Felder haben. Die Mittelpunktswinkel bzw. die Gewinnchancen der Felder stehen in der Tabelle.

Farbe	Winkel	Wahrscheinlichkeit
rot	90°	
gelb		20 %
blau	54°	
grün		

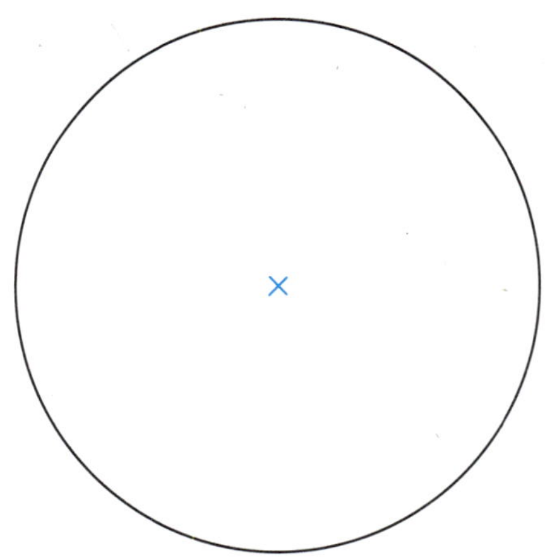

a) Vervollständige die Tabelle und zeichne das Glücksrad.

b) Das Glücksrad wird einmal gedreht. Wie groß ist die Wahrscheinlichkeit für das Ereignis
(1) gelb oder grün, (2) nicht blau? P(gelb oder grün) = ______, P(nicht blau) = ______

c) Welches Ereignis hat die Wahrscheinlichkeit 75 %? ______

1 a) Wie groß ist die Wahrscheinlichkeit, mit Würfel (1) eine Vier zu würfeln?

(1)
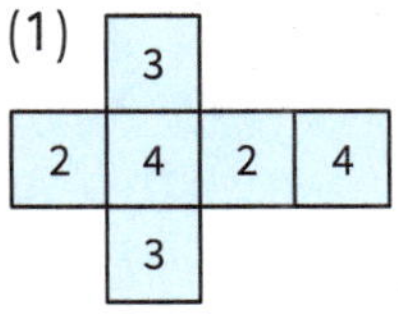

____

b) Wie groß ist die Wahrscheinlichkeit, mit Würfel (2) eine gerade Zahl zu würfeln?

(2)
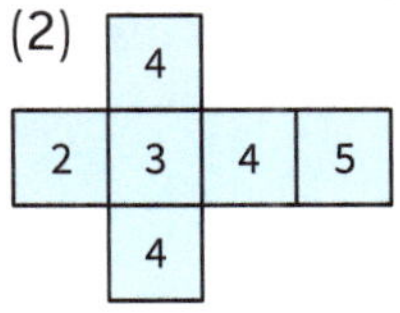

____

c) Wie groß ist die Wahrscheinlichkeit, mit Würfel (3) keine Sechs zu würfeln?

(3)
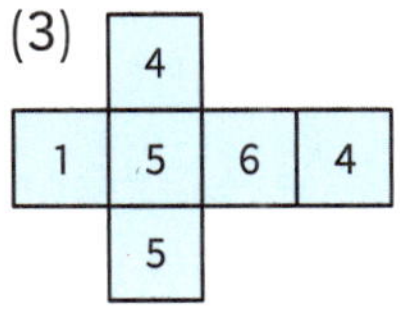

____

d) Mit einem der abgebildeten Würfel (1), (2) oder (3) wurde 800-mal gewürfelt. Dabei lag 548-mal eine Primzahl oben.
Welcher Würfel ist das vermutlich gewesen? Begründe.
Wahrscheinlichkeit für Primzahl

Würfel (1): ________________

Würfel (2): ________________

Würfel (3): ________________

Ergebnis: ________________

____

2 Bei einem zylinderförmigen „Würfel" stehen auf den Grundflächen die Augenzahlen 1 und 2 sowie auf der Mantelfläche die Augenzahl 3.

Bei einer langen Versuchsreihe von 2000 Würfen wurde die Augenzahl 3 insgesamt 1280-mal gewürfelt. Gib Nährungswerte für die Wahrscheinlichkeiten der Augenzahlen an. Begründe.

P(1) = ________ P(2) = ________ P(3) = ________

Begründung: ________________

____

____

____

22 Würfel (von S. 11)

(1)
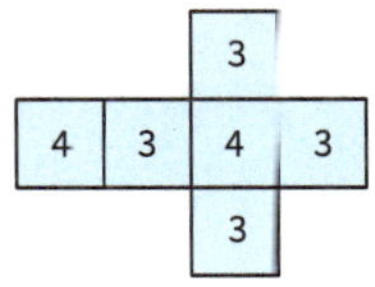

(2)
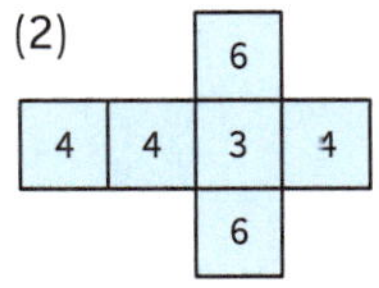

Oben siehst du die Netze zweier Würfel. Der Würfel (1) hat nur die Zahlen 3 und 4, der Würfel (2) die Zahlen 3, 4 und 6.

a) Gib die Wahrscheinlichkeit an, mit Würfel (1) eine Vier zu würfeln.
b) Gib die Wahrscheinlichkeit an, mit Würfel (2) eine Augenzahl größer als 3 zu würfeln.
c) Mit einem der beiden Würfel wurde 1000-mal gewürfelt und dabei 324-mal die Vier erzielt. Welcher Würfel ist das vermutlich gewesen? Begründe.

Zu a)
Von den sechs Feldern des Würfelnetzes (1) sind zwei mit der Zahl 4 beschriftet, also gilt

$P(4) = \frac{2}{6} = \frac{1}{3}$

Zu b)
Von den sechs Feldern des Würfelnetzes (2) sind fünf mit einer Zahl beschriftet, die größer als 3 ist, also gilt

$P(\text{größer als } 3) = \frac{5}{6}$

Zu c)
Die relative Häufigkeit (rH) eines bestimmten Ereignisses in 1 000 Würfen ist ein guter Schätzwert für die Wahrscheinlichkeit dieses Ereignisses.

$rH(4) = \frac{324}{1000} = 0{,}324$
Für Würfel (1) gilt $P(4) = \frac{1}{3}$.
Für Würfel (2) gilt $P(4) = \frac{1}{2}$.
Da die relative Häufigkeit knapp unter $\frac{1}{3}$ liegt ($0{,}324 < 0{,}333 \ldots$), ist mit großer Berechtigung davon auszugehen, dass mit dem **Würfel (1)** gewürfelt wurde. Sicher kann man aber nicht sein.

Hinweis: Bei der häufigen Wiederholung von Zufallsversuchen können – zwar ganz selten – völlig unerwartete Ergebnisse auftreten, bei denen die relative Häufigkeit von der Wahrscheinlichkeit erheblich abweicht.

http://nale.fi/wgxz

Teil A Basisaufgaben

Abschlusstest

Im Abschlusstest zu den Basisaufgaben kannst du zeigen, wie viel du bereits im Vergleich zum Eingangstest dazugelernt hast. Die Aufgaben des Abschlusstests sind nicht thematisch sortiert. Die Lösungen zu diesen Aufgaben findest du im Lösungsheft.

1 Rechnen und Ordnen

Rechne und trage deine Ergebnisse auf der Zahlengeraden ein.

a) Berechne die Differenz von 6,5 und 7,3.

b) Berechne die Differenz von −1,2 und −0,8.

c) Dividiere 4 durch −16.

d) Teile das Produkt aus −3 und −50 durch die dritte Potenz von 5.

e) Subtrahiere vom Produkt aus $-\frac{3}{5}$ und 35 das Vierfache von −5.

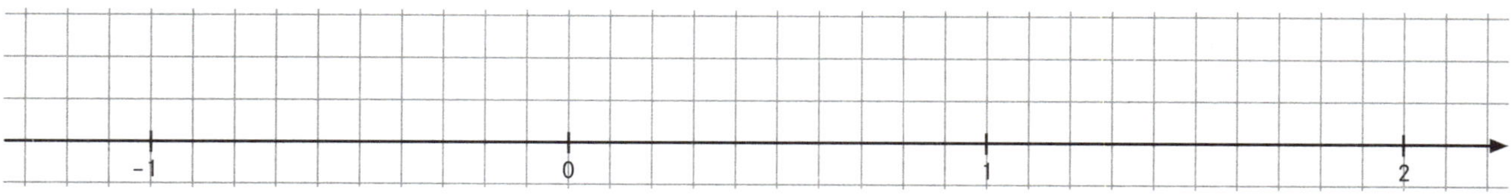

2 Quadrat und Rechteck

Der Flächeninhalt eines Quadrats beträgt 36 cm^2.

a) Bestimme den Umfang: u = ____________

b) Gib die Seitenlängen von zwei Rechtecken an, die auch einen Flächeninhalt von 36 cm^2 haben.

(1) a = ____________ b = ____________ (2) a = ____________ b = ____________

3 Abschlussfahrt

Für die Abschlussfahrt einer Jahrgangsstufe 10 stehen Venedig, Paris, Prag oder London als Ziele zur Auswahl. Eine Abstimmung unter den 80 Schülerinnen und Schülern der Jahrgangsstufe ergab: Jeder Vierte ist für Venedig, 20 % sind für Paris. Nach London wollen dreimal so viele wie nach Prag.

a) Wie viele Schülerinnen und Schüler sind für die einzelnen Ziele?

Venedig: ____________ Paris: ____________

London: ____________ Prag: ____________

b) Gib die relativen Häufigkeiten für die einzelnen Ziele in Prozent an.

Venedig: ________ % Paris: ________ %

London: ________ % Prag: ________ %

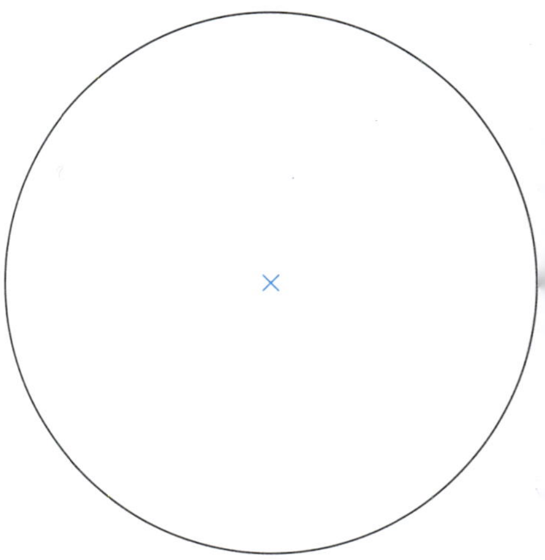

c) Stelle die relativen Häufigkeiten in einem Kreis- und einem Streifendiagramm dar.

Streifendiagramm:

4 Lineare Funktionen

In einem Koordinatensystem sind die Graphen der Funktionen $f(x) = -0{,}2x - 3$ und $g(x) = -0{,}2x + 3$ dargestellt. Beschreibe Lage und Verlauf der beiden Graphen, ohne zu zeichnen.

____

____

____

5 Gleichungssysteme

a) Löse das Gleichungssystem.

I: $5x - 3y = 53$
II: $4x + 3y = 37$

x = ________ y = ________

b) Das Dreifache einer Zahl ist um 1 kleiner als eine zweite Zahl. Die Summe aus dem Doppelten der ersten Zahl und der zweiten Zahl ergibt 36. Berechne die beiden Zahlen mit einem Gleichungssystem.

1. Zahl: ________ 2. Zahl: ________

6 Exponentielle Abnahme

Frau Metin nimmt ein Vitaminpräparat ein. Durch die Einnahme von zwei Tabletten befinden sich 300 mg des Vitamins im Blut. In jeder Stunde werden 18 % davon ausgeschieden.
Berechne, wie viel mg des Vitamins nach zwei (vier, sechs) Stunden im Blut sind.

7 Dreieck im Koordinatensystem

a) Zeichne das Dreieck A(−1|−1), B(3|−1) und C(3|2) in das gegebene Koordinatensystem.

b) Berechne die Länge der Seite $\overline{AC}$ und den Flächeninhalt A des Dreiecks.

$\overline{AC}$ = ________________

A = ________________

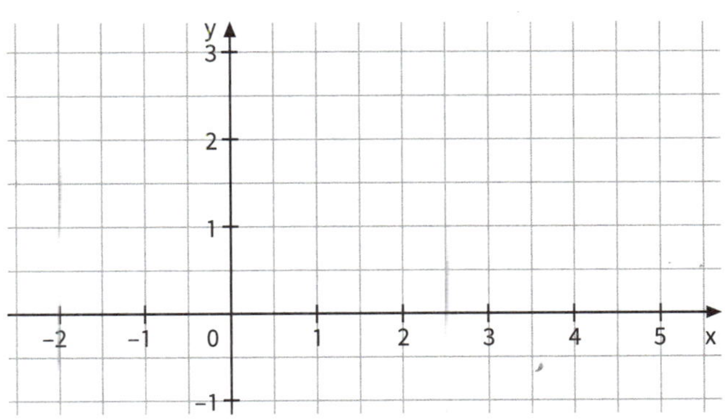

8 Prozente

a) Wie viel sind 40 % von 130 €?

____

b) Von wie viel Kilogramm sind 4 % genau 12 kg?

____

c) Wie viel Prozent sind 24 cm von 6 m?

____

d) Berechne 3 % Zinsen von 760 € Spareinlage.

____

9 Kinobesucher

In der ersten Woche nach dem Filmstart wurden in einem Kino folgende Besucherzahlen notiert:
Do: 625, Fr: 745, Sa: 820, So: 655, Mo: 423, Di: 388, Mi: 495.

a) Berechne das arithmetische Mittel der Besucherzahlen pro Tag. ______________________

b) Nachdem der Film zwei Wochen gelaufen ist, steht in der Zeitung: „In den ersten beiden Kinowochen haben durchschnittlich 450 Besucher pro Tag den Film gesehen." Wie viele Personen haben den Film noch in der zweiten Kinowoche gesehen? ______________________

10 Lostrommel

In einer Lostrommel sind 300 Lose, davon 20 Hauptgewinne.

a) Gib die Wahrscheinlichkeit an, dass das erste gezogene Los ein Hauptgewinn ist.

____

b) Unter den ersten 30 gezogenen Losen waren zwei Hauptgewinne. Lukas zieht das 31. Los. Vergleiche die Wahrscheinlichkeit für einen Hauptgewinn mit der ersten Ziehung. Ist sie jetzt:

☐ kleiner, ☐ größer, ☐ genauso groß?

11 Gleichungen und Graphen

Ordne den Funktionsgleichungen die zugehörigen Graphen (g_1, g_2, ...) zu.

	$y = x + 1$		$y = x^2 - 2$
	$y = -x^2$		$y = 0{,}5x + 1$
	$y = x^2 + 2x + 1$		$y = -2x + 1$
	$y = x^2 + 2$		$y = -2x^2$

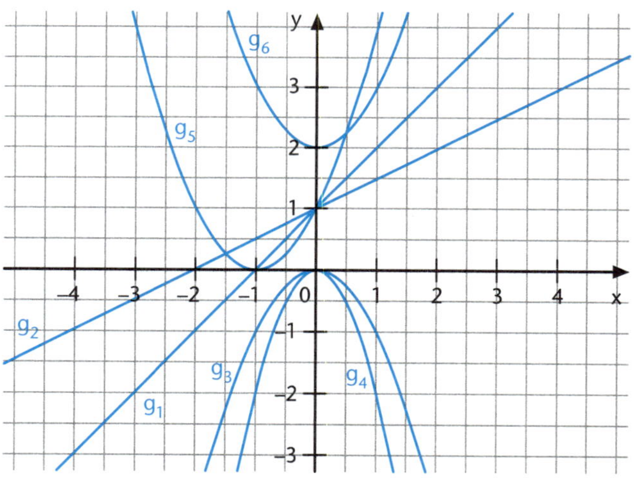

12 Baumhöhe

Die Baumspitze wird über einen 3 m langen Stab angepeilt. Bestimme die Höhe des Baumes.

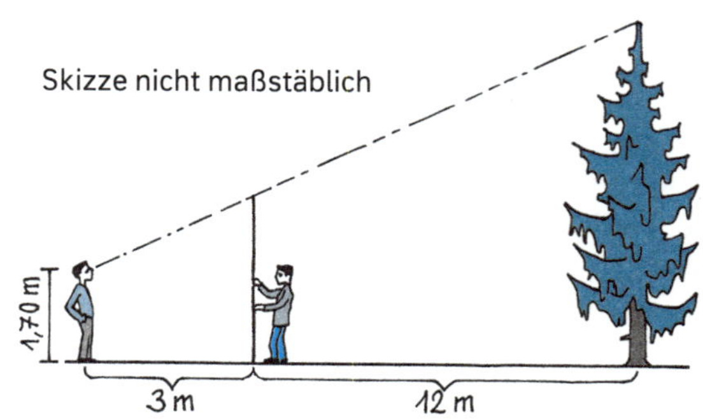

13 Fahrstuhl

Für ein Büro in der ersten Etage wird eine Palette mit Kopierpapier angeliefert. Die Palette muss mit dem Fahrstuhl transportiert werden. Wie schwer ist das Kopierpapier?
Hinweis:
Maße eines DIN-A4-Blattes (in cm): 21,0 x 29,7

14 Parabeln in verschiedenen Darstellungen

Eine Parabel hat den Scheitelpunkt S(−1,5 | 3,5). Sie ist nach unten geöffnet und gegenüber der Normalparabel um 0,5 gestaucht.
Gib die Scheitelpunktform der Parabel an und wandle diese in die allgemeine Form um.

f(x) = ______________________ (Scheitelpunktform)

f(x) = ______________________ (allgemeine Form)

15 Wasserfass

a) Berechne das Volumen des Wasserfasses. Runde auf Liter.

V = ___________________

b) Berechne den Oberflächeninhalt des Fasses. Runde auf Zehntel m^2.

O = ___________________

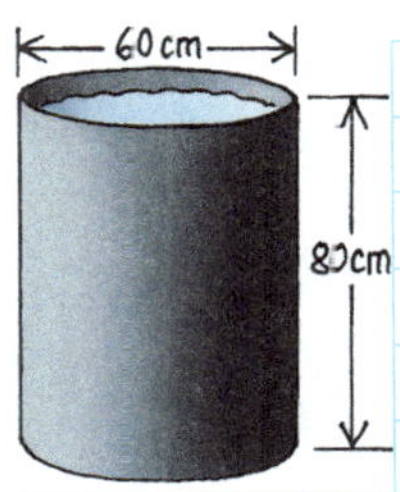

16 Größen bestimmen

Kreuze an, welche Maßangabe stimmen könnte. *Tipp:* Schätze zuerst die Maße.

Ladevolumen eines Lasters

☐ 5 m^3 ☐ 500 000 dm^3
☐ 50 000 *l* ☐ 500 cm^3

Länge eines Springseils

☐ 250 000 mm ☐ 25 dm
☐ 2 500 cm ☐ 0,025 km

Fläche eines Handballfeldes

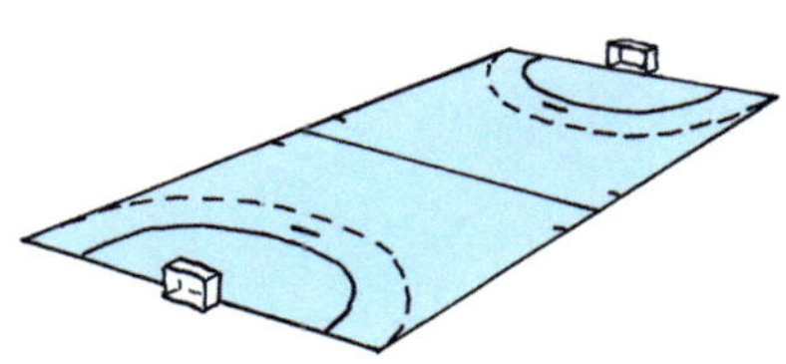

☐ 80 000 cm^2 ☐ 8 000 dm^2
☐ 800 m^2 ☐ 0,8 km^2

17 Straßenfest

Die Bewohner des Parkwegs planen ein Straßenfest. Die Tabelle zeigt die Kalkulation für den Grillstand.

	A	B	C	D
1		**Verkaufspreis**	**Stückzahl**	**Einnahmen**
2	**Essen**			
3	Bratwurst	2,00 €	60	120,00 €
4	Currywurst	2,50 €	45	112,50 €
5	Steak	3,50 €	50	175,00 €
6	Brötchen	0,50 €	200	100,00 €
7				
8	**Trinken**			
9	Softdrinks	2,00 €	250	500,00 €
10	Wasser	1,00 €	150	150,00 €
11				
12			**Gesamteinnahmen**	**1.157,50 €**
13				

a) Insgesamt sollen ________ Würste verkauft werden.

b) Der Preis für ein Steak steht in Zelle ________ .

Es soll ________ € kosten.

c) Die voraussichtlichen Einnahmen aus dem Bratwurstverkauf werden in der Zelle ________ mit der Formel ________________ berechnet.

d) Gib zwei verschiedene Formeln an, um die Gesamteinnahmen in Zelle D12 zu berechnen.

D12: ______________________________ oder ______________________________

18 Kleintiergehege

Aus sechs Drahtplatten mit jeweils 60 cm Länge baut Jan im Garten ein Gehege für seine Meerschweinchen. Die Grundfläche hat die Form eines regelmäßigen Sechsecks (s. Abbildung).

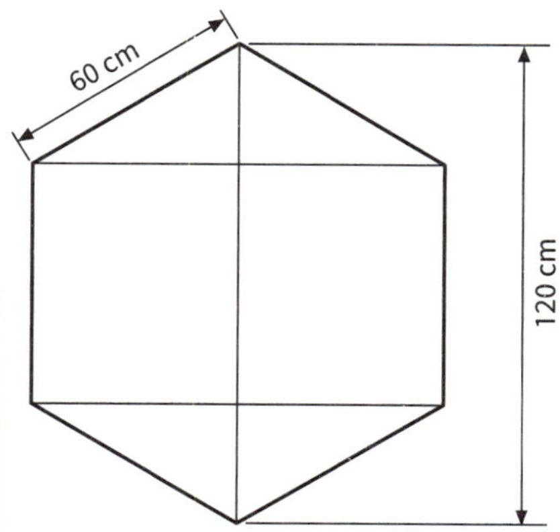

Berechne, wie groß die eingezäunte Fläche ist.

19 Funktionsbeschreibung

Beschreibe so genau wie möglich, wie bei den jeweiligen Funktionen der x-Wert und der y-Wert zusammenhängen. Gib auch jeweils an, um welche Art von Funktion es sich handelt.

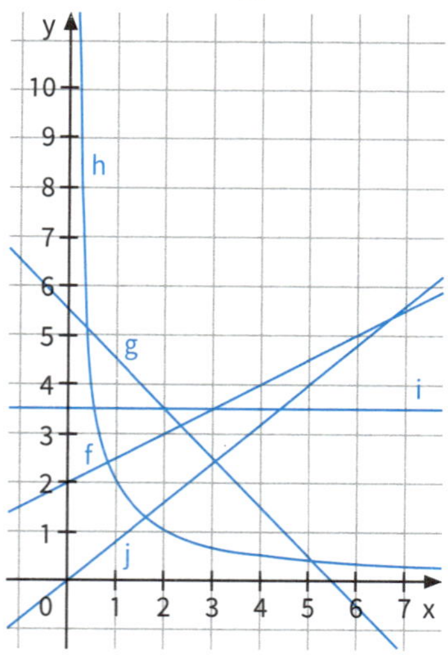

Graph f	
Graph g	
Graph h	
Graph i	
Graph j	

20 Würfeln mit einem Quader

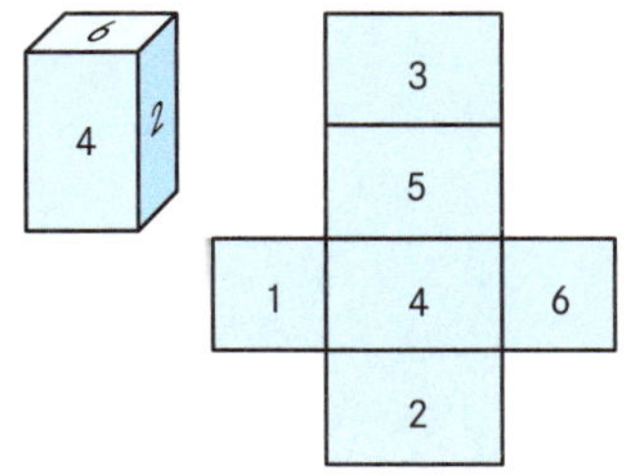

Die Grundflächen des abgebildeten Holzquaders sind Quadrate. Auf den Flächen des Quaders stehen wie bei einem normalen Würfel die Zahlen 1 bis 6. Mit einer sehr großen Anzahl von Versuchen wurde ermittelt, dass die Wahrscheinlichkeit, die Augenzahl 6 zu würfeln, ca. 8 % beträgt.

a) Schau dir das Netz des Quaders genau an und bestimme auch für die übrigen Augenzahlen 1 bis 5 Näherungswerte für die Wahrscheinlichkeiten.

Augenzahl	1	2	3	4	5	6
Näherungswert für Wahrscheinlichkeit						8 %

Begründe, warum man nur Näherungswerte angeben kann.

____

____

____

b) Der Quader wird in einer Versuchsreihe 4000-mal gewürfelt. Wie oft wird dann ungefähr die Augenzahl 6 auftreten? Begründe.

21 Rechengeschichten

a) Welche der folgenden Sachtexte passen zu der Gleichung $x + 0{,}5x = 30$? Kreuze jeweils an!

b) Löse die Rechengeschichten.

1	Eine Lostrommel enthält 30 Lose. Es gibt doppelt so viele Gewinne wie Nieten.	☐ Ja	☐ Nein
2	Robert nimmt sich vor, 30 Tage lang täglich 1 Euro zu sparen. Die Hälfte der Zeit schafft er leider nur 50 Cent zu sparen.	☐ Ja	☐ Nein
3	Für eine Feier werden 30 Liter Fruchtbowle bestellt. Zu einer 1-Liter-Flasche Mineralwasser wird jeweils 0,5 Liter frischer Fruchtsaft hinzugefügt.	☐ Ja	☐ Nein
4	Max ist nur halb so alt wie sein Bruder. Zusammen sind sie 30 Jahre alt.	☐ Ja	☐ Nein

22 Winkel

Die Geraden g und h sowie j und k sind jeweils parallel.
Welche der folgenden Aussagen sind wahr (w), welche sind falsch (f)? Begründe.

Aussage	w/f	Begründung
$\gamma = 70°$		
$\delta = 70°$		
$\beta = \alpha$		
$\varepsilon = \beta$		

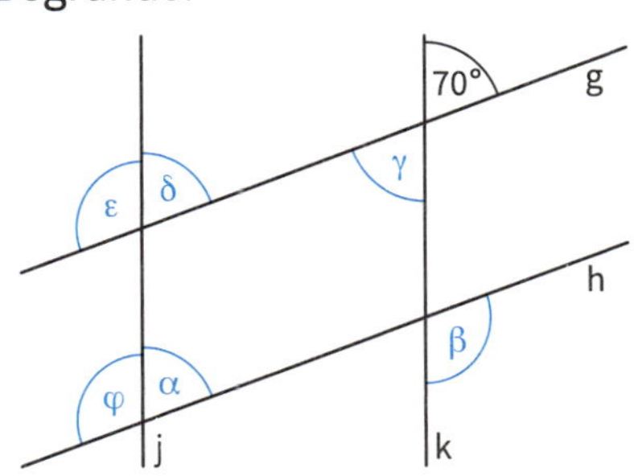

Teil B Komplexe Aufgaben

Eingangstest

Bearbeite den Eingangstest zu den komplexen Aufgaben, um deinen Kenntnisstand in diesem Buch besser einschätzen zu können. Die Aufgaben des Eingangstests zu den komplexen Aufgaben sind nicht thematisch sortiert.
Ausführliche Lösungen zu jeder Aufgabe findest du hier im Arbeitsbuch (Kurzlösungen im Lösungsheft). Die Seite steht jeweils in Klammern hinter dem Namen der Aufgabe. Dort sind auch weitere Übungsaufgaben zu dem jeweiligen Thema.

1 Preisänderungen (Lösung Seite 52)

a) Eine Bluse kostet 74,90 €. Der Preis wird um 35 % gesenkt.

Berechne den neuen Preis. ______________________________

b) Der Preis für einen Anzug wurde um 40 % auf 179,94 € reduziert.

Wie teuer war er vorher? ______________________________

c) Der Preis für ein Rennrad wird um 50 € erhöht und beträgt jetzt 499 €.

Um wie viel Prozent wurde der Preis erhöht? ______________________________

2 Werkstück (Lösung Seite 53)

Das abgebildete Werkstück ist ein Quader, aus dem oben eine Halbkugel mit dem Radius 5 cm gefräst wurde (Maße in cm).
Das Werkstück besteht aus Stahl mit der Dichte $7{,}9\ \frac{g}{cm^3}$.

a) Berechne die Masse m des Werkstücks. m = ______________________________

b) Berechne auch den Oberflächeninhalt. O = ______________________________

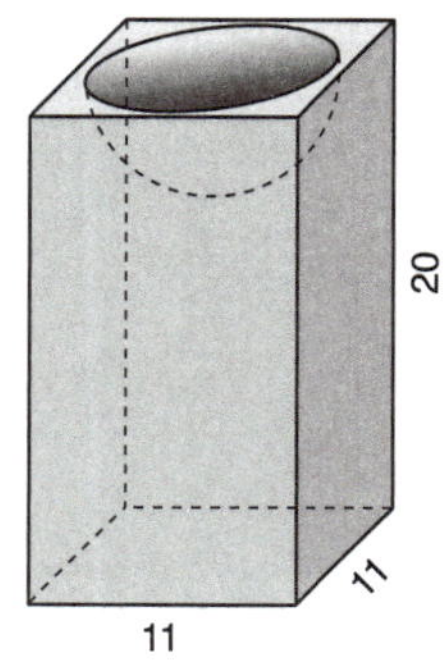

3 Straßenbahnfahrplan (Lösung Seite 54)

Der grafische Fahrplan gibt Auskunft über die Fahrt einer Straßenbahn vom Bahnhof (Bhf.) bis zum Tierpark mit den Zwischenhalten Rosentor, Nordheide und Stadion.

a) Gib die Entfernung zwischen den Haltestellen Bahnhof und Tierpark an.

____

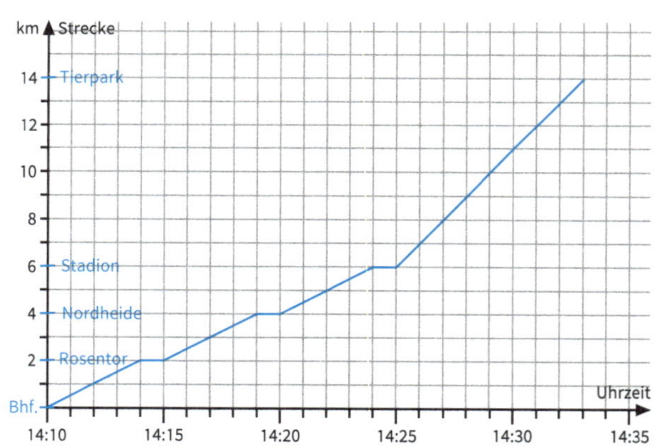

b) Bestimme mithilfe der Grafik die Durchschnittsgeschwindigkeiten zwischen den Haltestellen.

____

c) Vervollständige mithilfe der Grafik den Fahrplan mit Ankunfts- und Abfahrtzeiten.

Haltestelle	Bahnhof	Rosentor		Nordheide		Stadion		Tierpark
	ab	an	ab	an	ab	an	ab	an
Uhrzeit	____	____	____	____	____	____	____	____

4 Fahrradurlaub (Lösung Seite 55)

Die nebenstehende Grafik zeigt, wie sich der Verbrauch eines Autos ändert, wenn man einen Dach- oder Heckträger (mit Fahrrädern) montiert.

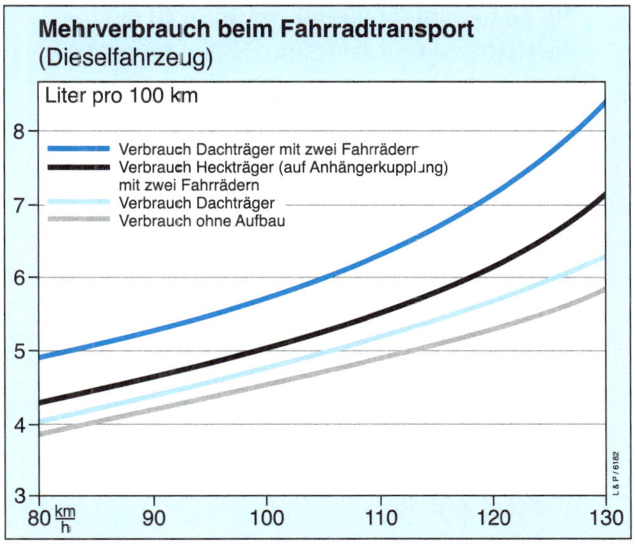

a) Lennard behauptet, dass bei 80 $\frac{km}{h}$ der Verbrauch eines Autos mit zwei Fahrrädern auf dem Dachträger ungefähr doppelt so hoch ist wie bei einem Auto ohne Aufbau. Nimm Stellung zu dieser Aussage.

____

____

b) Herr Tropper fährt immer mit einem Dachträger. Diesmal hat er aber darauf noch zwei Fahrräder montiert. Um wie viel Prozent steigt dadurch der Verbrauch bei 120 $\frac{km}{h}$?

____

____

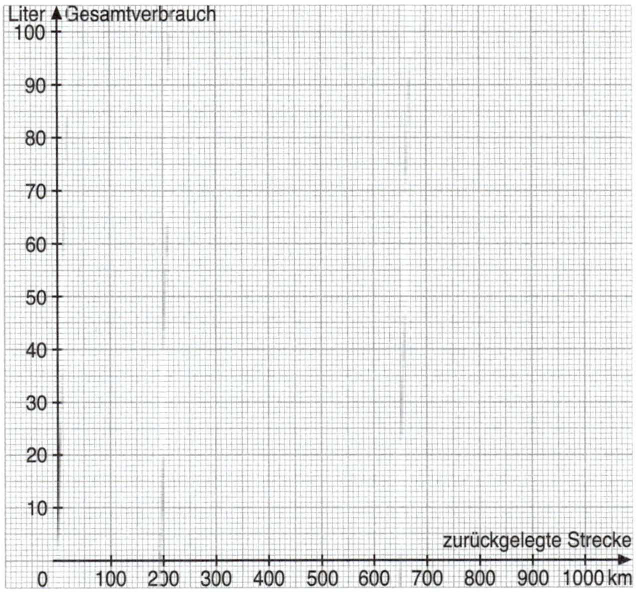

c) Herr und Frau Tropper überlegen, ob sie auf dem Dachträger des Autos ihre beiden Fahrräder in den Urlaub nach Schweden mitnehmen. Herr Tropper fährt im Schnitt 100 $\frac{km}{h}$. Erstelle einen Graphen, der den Gesamtverbrauch für beide Varianten (mit und ohne Fahrräder) in Abhängigkeit von der zurückgelegten Strecke beschreibt. Benutze dafür das rechts abgebildete Koordinatensystem.

5 Herzogstandbahn (Lösung Seite 56)

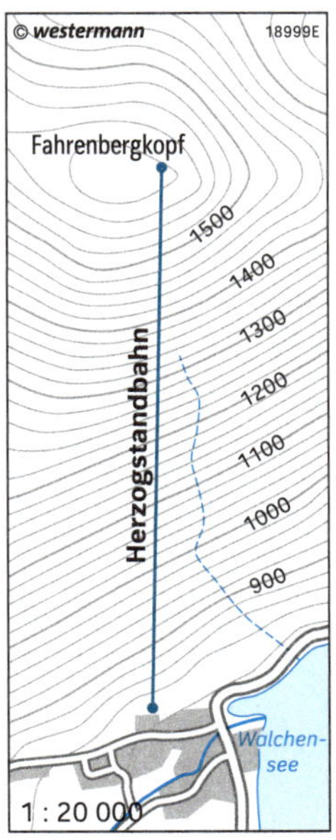

Der Kartenausschnitt zeigt ein Wandergebiet in der Nähe von München. Anhand der Höhenlinien kann man erkennen, wie steil das Gelände ist. Eine Höhenlinie verbindet jeweils Punkte der Erdoberfläche, die auf gleicher Höhe über dem Meeresspiegel (ü. M.) liegen.
Wer sich den anstrengenden Aufstieg auf den Fahrenberg sparen will, benutzt den Sessellift. Die Herzogstandbahn bringt in nur 4 Minuten ihre Gäste von der Talstation am Walchensee auf den Fahrenberg.
Wie lang ist die Strecke, die eine Kabine bei ihrer Fahrt auf den Berg zurücklegt?

6 Konservendosen (Lösung Seite 57)

Sechs Konservendosen werden von einem Plastikband umfasst. Jede Dose hat einen Radius von 4 cm.

a) Berechne die Länge des Plastikbandes.

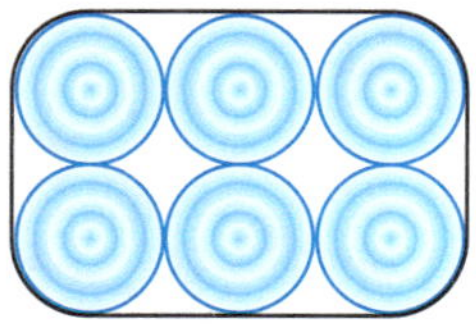

Länge: ______________________________

b) Reicht für Dosen mit doppeltem Radius ein doppelt so langes Plastikband? Begründe deine Antwort.

____

____

7 Gläser (Lösung Seite 58)

Ein Likörglas und ein Rotweinglas werden mit Wasser gefüllt.

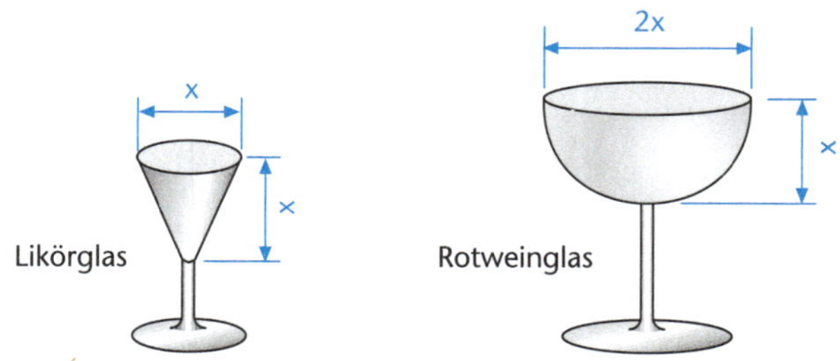

a) Wie viele vollständig gefüllte Likörgläser werden benötigt, um das Rotweinglas bis zum Rand zu füllen?

b) Welcher der abgebildeten Graphen zeigt am besten, wie sich die *Höhe h* des Flüssigkeitsspiegels beim gleichmäßigen Befüllen des **Rotweinglases** in Abhängigkeit von der *Zeit t* ändert? Kreuze an.

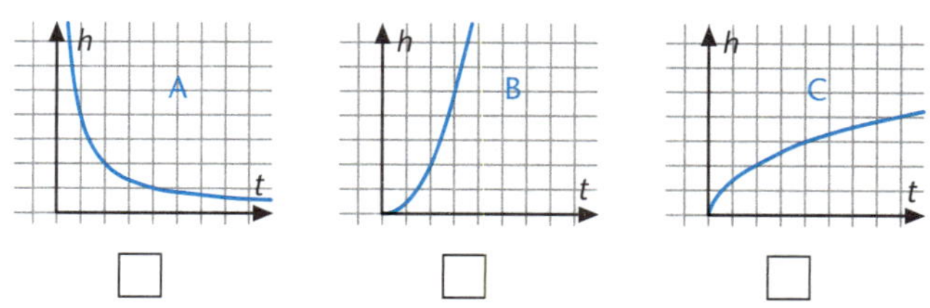

8 Agenturmeldung (Lösung Seite 59)

> Vor allem in Thüringen und Sachsen hängt oder liegt die *weiße Bluse* bei fast jeder neunten Frau (87,4 Prozent) im Schrank, ergab jetzt eine Umfrage.

Die nebenstehende Pressemeldung ist fehlerhaft. Begründe.

____

____

____

____

9 Kugelstoßen (Lösung Seite 60)

Hier siehst du den ersten Teil der Flugbahn einer gestoßenen Kugel (Maße in m).

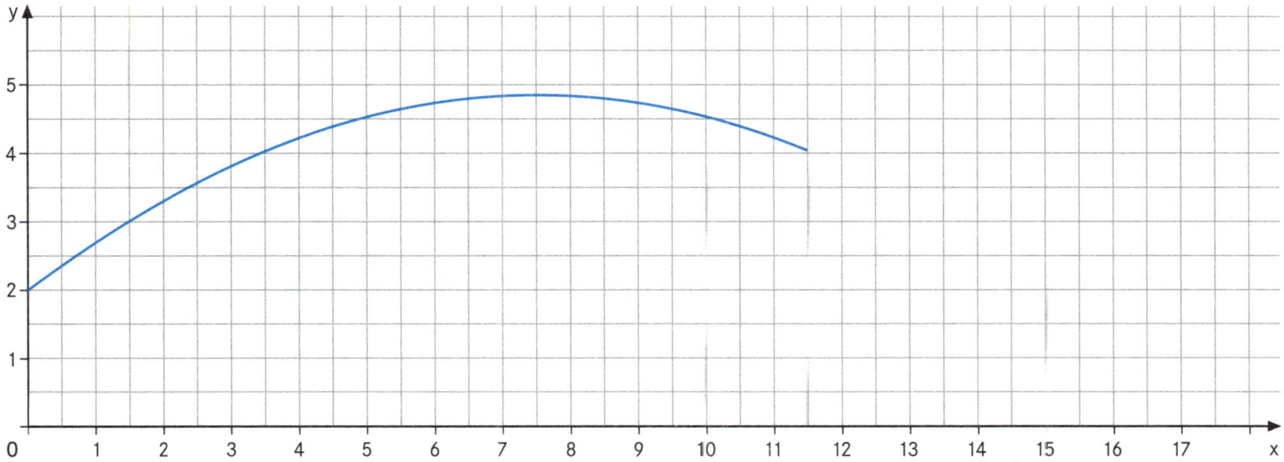

Die Flugbahn kann näherungsweise mit der Funktionsgleichung $f(x) = -0{,}05\,x^2 + 0{,}75\,x + 2$ beschrieben werden.

a) Lies am Graphen ab, aus welcher Höhe die Kugel abgestoßen wurde.

b) Berechne, welche maximale Höhe die Kugel erreicht. Kontrolliere dein Ergebnis am Graphen.

c) Berechne die Kugelstoßweite und vervollständige die Flugbahn.

10 Haus mit Satteldach (Lösung Seite 61)

Der Zeichnung kannst du die Außenmaße eines Einfamilienhauses entnehmen.

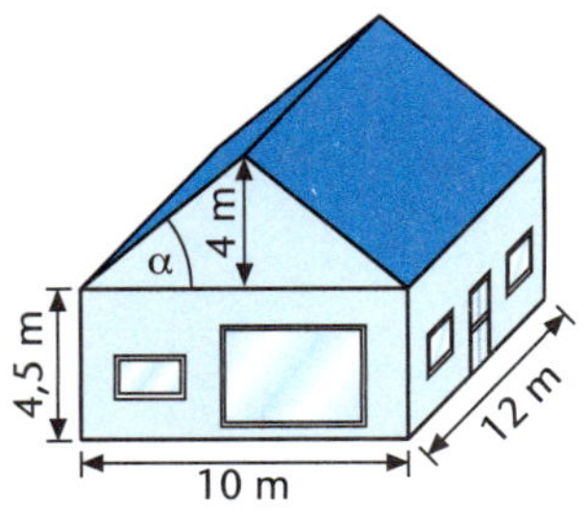

a) Berechne das Volumen des Hauses (umbauter Raum).

b) Wie groß ist die gesamte Dachfläche?

c) Berechne den Neigungswinkel α des Dachs.

11 Nebenjobs (Lösung Seite 62)

Bei einer Umfrage unter 580 Zehntklässlern geben 30 % an, neben der Schule zu jobben. Insgesamt nehmen 348 Mädchen an der Umfrage teil. Von den befragten Mädchen haben 25 % einen Nebenjob.

a) Berechne den prozentualen Anteil der Mädchen und Jungen an den befragten Zehntklässlern.

____

b) Wie viele Mädchen haben keinen Nebenjob?

____

c) Wie viel Prozent der Jungen haben keinen Nebenjob?

____

12 Pkw-Antriebe und Kosten (Lösung Seite 63)

Fahrzeughersteller bieten ihre Modelle mit alternativen Antrieben an.

Modell	Antrieb	Kosten pro 100 km
Eco B	Benzinmotor	7,80 €
Eco D	Dieselmotor	5,82 €
Eco H	Hybridmotor	5,33 €
Eco E	Elektromotor	2,93 €

a) Berechne, wie weit man mit den verschiedenen Antrieben für 10 € kommt. Stelle die Ergebnisse in einem geeigneten Diagramm dar.

b) Für den Antrieb mit einem Hybridmotor wurde ein Preis von 1,30 € pro Liter Super angenommen. Kann das Fahrzeug mit einer Tankfüllung (50 *l*) die Strecke Hamburg – München (775 km) zurücklegen? Begründe rechnerisch.

c) Im Preis von einem Liter Super (1,30 €) ist eine Energiesteuer von 65,45 ct enthalten. Berechne den Anteil in Prozent.

⑬ Seitenlängen beim Quadrat (Lösung Seite 64)

Welche Aussagen sind falsch? Begründe, warum sie falsch sind.

(1) Verdoppelt man die Seitenlänge eines Quadrats, so vervierfacht sich der Umfang.
(2) Verdoppelt man die Seitenlänge eines Quadrats, so vervierfacht sich der Flächeninhalt.
(3) Verdreifacht man die Seitenlänge eines Quadrats, so verdreifacht sich der Umfang.
(4) Verdreifacht man die Seitenlänge eines Quadrats, so verdreifacht sich der Flächeninhalt.

____

____

____

⑭ Tonnenschwere Goldmünze (Lösung Seite 65)

Zwei Zeitungen berichteten im Oktober 2011 über die größte Goldmünze der Welt.

(1) „Eine Tonne schwer und 80 cm Durchmesser, reines Gold im Wert von 55 Millionen US-Dollar."
(2) „... sie ist 80 cm hoch, 12 cm dick, 1 Tonne schwer und zu 99,99 Prozent aus Feingold. Ihr Materialwert liegt bei 34 000 000 €."

a) Vergleiche die Angaben zum Materialwert der Meldungen (1) und (2). Bestimme den Wechselkurs zwischen Euro und Dollar für Oktober 2011.

____

____

b) Stimmt die angegebene Dicke in (2) mit den in (1) genannten Maßen überein? Rechne bei Gold mit einer Dichte von $19{,}3\ \frac{g}{cm^3}$.

____

c) Löse die Formel für das Volumen eines Zylinders nach r auf. Berechne damit den Radius r einer solchen Goldmünze, die dieselbe Dicke hat, aber nur halb so schwer ist.

⑮ Kapitalanlage (Lösung Seite 66)

Zur Konfirmation erhält Henrik 1 000 € von seinen Großeltern. Er legt das Geld zu 1,5 % an und will den Betrag so lange unangetastet lassen, bis sich sein Anfangskapital verdoppelt hat.

a) Wie viele Jahre muss Henrik ungefähr warten?

b) In welcher Zeit würde sich bei gleicher Verzinsung ein Kapital von 10 000 € verdoppeln?

16 Zwei Würfel (Lösung Seite 67)

Es wird gleichzeitig mit einem blauen und einem schwarzen Würfel gewürfelt.
Das Ereignis (3;5) bedeutet: Mit dem blauen Würfel wurde eine 3 und mit dem schwarzen Würfel eine 5 gewürfelt.

a) Wie viele Ergebnisse sind möglich?

b) Wie groß ist die Wahrscheinlichkeit für das Ereignis (3;5)?

c) Wie groß ist die Wahrscheinlichkeit, einen Pasch, d. h. zwei gleiche Zahlen, zu würfeln?

17 Fußballduell (Lösung Seite 68)

Die abgebildete Grafik vergleicht, wie viel Euro in Deutschland und wie viel Euro in England durch internationale und nationale Medienerlöse eingenommen werden.

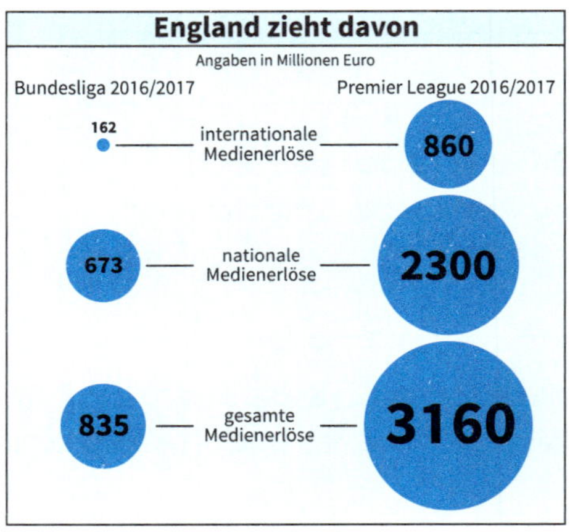

a) Wie viel Prozent der gesamten Medienerlöse in Deutschland machen die nationalen Medienerlöse aus?

b) Angenommen, der internationale Medienerlös wächst jedes Jahr in Deutschland um 10 %. Nach wie vielen Jahren ist er dann ungefähr so groß wie in England im Jahr 2016/2017?

c) Begründe, warum die Darstellung der beiden Kreise zum internationalen Medienerlös irreführend ist.

18 Zahlenrätsel (Lösung Seite 69)

(1) Subtrahiere vom Dreifachen einer Zahl 8, dann erhältst du 5 mehr als die Zahl.	(2) Verdreifachst du die Differenz aus einer Zahl und 8, so erhältst du 5 weniger als die Zahl.	(3) Subtrahiert man 8 von einer Zahl, so erhält man das Dreifache der Summe aus 5 und der Zahl.

a) Welches Zahlenrätsel gehört zu der Gleichung $x - 8 = 3(5 + x)$? Nr.: ____________

b) Löse die Gleichung $x - 8 = 3(5 + x)$.

$x =$ ____________

c) Schreibe auch zu den anderen Zahlenrätseln eine passende Gleichung auf.

Nr. ( ): ______________________________

Nr. ( ): ______________________________

19 Smartphone-Nutzung (Lösung Seite 70)

Die Schülerinnen und Schüler aller 10. Klassen einer Schule wurden befragt, wie oft sie ihr Smartphone am Tag vor der Befragung zum Telefonieren, Simsen oder Surfen ungefähr benutzt haben. Das Ergebnis wurde in einem Boxplot dargestellt.

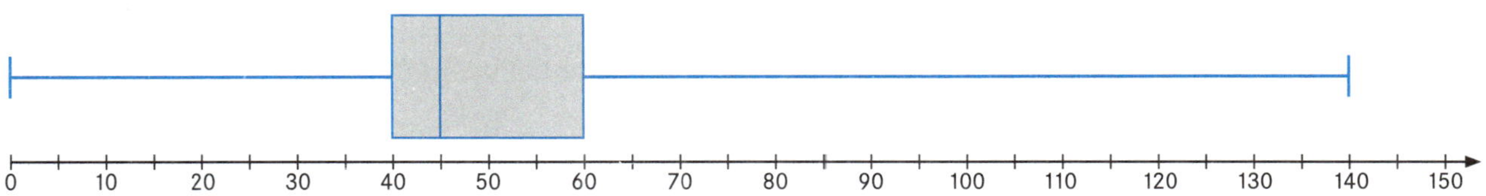

a) Entnimm dem Boxplot folgende Werte:

Spannweite: ______ Median (Zentralwert): ______ unteres Quartil: ______ oberes Quartil: ______

b) Felix behauptet: „Die meisten Schüler haben mehr als 60-mal mit dem Smartphone telefoniert, gesimst oder gesurft." Nimm Stellung.

____

____

20 Fläche Niedersachsen (Lösung Seite 71)

Der Kartenausschnitt zeigt das Bundesland Niedersachsen. Bestimme näherungsweise die Größe der Fläche von Niedersachsen. Benutze den Maßstab der Karte. Begründe dein Vorgehen.

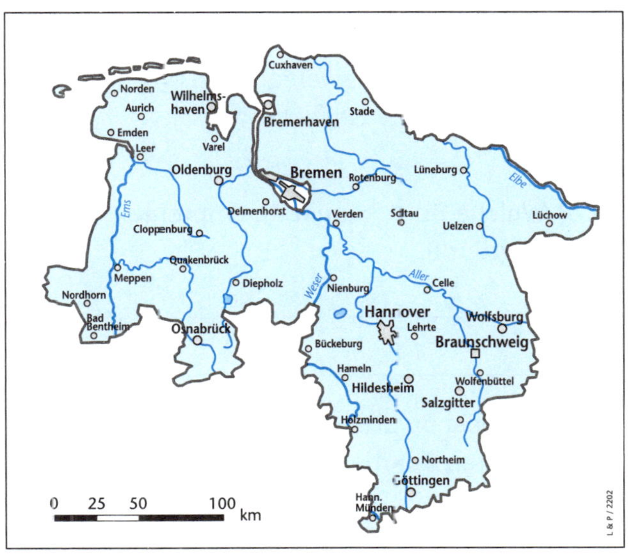

21 Quadratische Gleichungen (Lösung Seite 72)

In der Abbildung siehst du, wie zwei Schüler die Gleichung $x^2 - 8x + 20 = 0$ gelöst haben.

Marcel	Paul
$x^2 - 8x + 20 = 0$	$x^2 - 8x + 20 = 0$
$x_{1/2} = 4 \pm \sqrt{16 + 20}$	$x_{1/2} = 4 \pm \sqrt{16 - 20}$
$x_{1/2} = 4 \pm \sqrt{36}$	$x_{1/2} = 4 \pm \sqrt{-4}$
$x_1 = 4 + 6 = 10$	
$x_2 = 4 - 6 = -2$	keine Lösung

a) Prüfe die Lösungswege. Welcher Weg stimmt, welcher Fehler wurde gemacht?

b) Löse folgende Gleichungen. Nicht immer brauchst du eine Lösungsformel.

(1) $(x + 7) \cdot (x - 7) = 0$ (2) $x^2 + 8x + 16 = 0$ (3) $x^2 - 5x =$ (4) $4x^2 + 96x - 100 = 0$

22 Glücksrad (Lösung Seite 73)

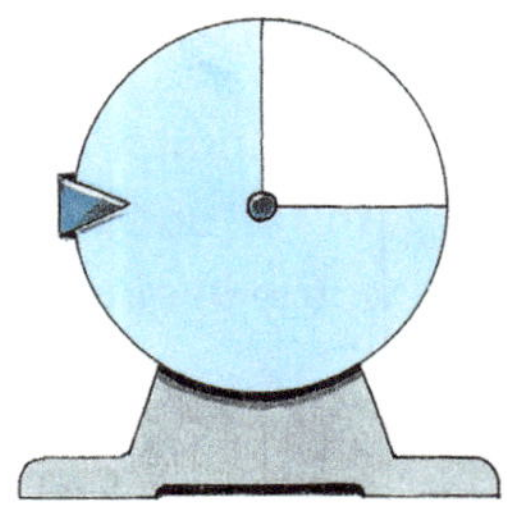

Auf einem Schulfest kann man am Stand der Klasse 10a für einen Einsatz von 1 € zweimal das abgebildete Glücksrad drehen. Bleibt es jedes Mal auf der gleichen Farbe stehen, gewinnt man, und zwar bei „blau“ einen Trostpreis im Wert von 0,30 € und bei „weiß“ einen Sachpreis von 8 €.

a) Zeichne ein Baumdiagramm und bestimme die Wahrscheinlichkeiten:

(1) P(blau; blau): ____________________

(2) P(weiß; weiß): ____________________

b) Wie groß ist die Wahrscheinlichkeit, bei diesem Spiel zu verlieren?

____

c) Es werden 400 Spiele durchgeführt. Mit welchem Gewinn kann die Klasse rechnen?

____

23 Angebote (Lösung Seite 74)

Frau Kurt kann für zwei Jahre einen Lottogewinn von 1 000 000,– € sparen. Drei Banken bieten ihr unterschiedliche Zinssätze an:

A 1. Jahr 1,2 %; 2. Jahr 1,7 % **B** 1. Jahr 0,9 %; 2. Jahr 2,0 % **C** 1. Jahr 1,4 %; 2. Jahr 1,5 %

a) Welche Bank kannst du empfehlen? Begründe.

____

____

b) Würdest du die gleiche Bank auch für jeden anderen Sparbetrag empfehlen? Begründe.

____

____

24 Brückenkonstruktion (Lösung Seite 75)

Über den Fluss soll eine Brücke führen, die in A beginnt und in B endet. Vermesser haben am unteren Flussufer eine 400 m lange Strecke $\overline{AC}$ abgesteckt und von dort folgende Winkel vermessen:
$\sphericalangle BAC = 67{,}8°$ und $\sphericalangle ACB = 49{,}3°$
Bestimme die Länge der Brücke durch eine maßstäbliche Zeichnung und durch Rechnung auf einem extra Blatt.

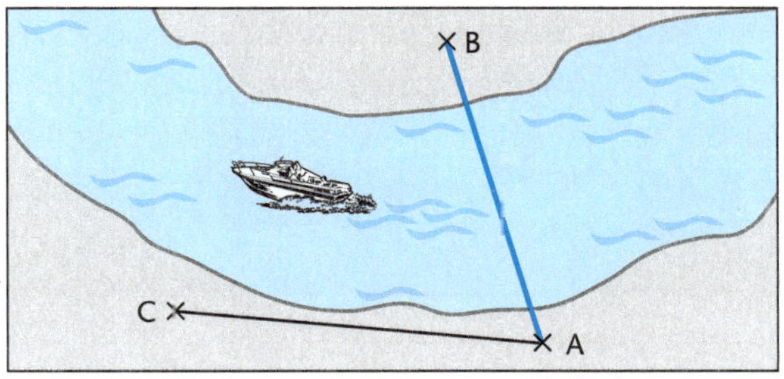

25 Verdienst (Lösung Seite 76)

Herr Berger arbeitet als Verkäufer. Er kann sich in seiner Firma entscheiden, wie sein Verdienst berechnet wird:
Modell 1: 2500 € Grundgehalt plus 4 % Provision vom Umsatz;
Modell 2: kein Grundgehalt, aber dafür 10 % Provision vom Umsatz.

	A	B	C	D
1	Umsatz (in €)	4 % Provision (in €)	Verdienst Modell 1 (in €)	Verdienst Modell 2 (in €)
2	0	0	2500	0
3	10000	400	2900	1000
4	20000	800	3300	2000
5	50000	2000	4500	5000
6	100000	4000	6500	10000
7				

a) Lies aus der Tabelle ab, wie viel Herr Berger bei einem Umsatz von 20 000 € nach Modell 1 mehr verdienen würde als nach Modell 2? ____________

b) Gib eine Formel für den Verdienst in Zelle D3 an. Formel: ____________

c) Kreuze an, welche Formeln den Verdienst in Zelle C3 liefern.
☐ =B3+2500 ☐ =A3+B3 ☐ = A3*4/100 ☐ =A3*0,04+2500

d) Bei welchem Umsatz ist der Verdienst bei beiden Modellen gleich? ____________

26 Riesentasse (Lösung Seite 77)

In Koblenz steht vor einem Café die rechts abgebildete Riesentasse.

a) Schätze folgende Größen: Tassenhöhe: ____________

oberer/unterer Tassendurchmesser: ________ / ________

b) Jenny hat die folgenden drei Körper gezeichnet, um das Volumen der Riesentasse damit abzuschätzen. Welcher der drei Körper wird das beste Ergebnis liefern? Kreuze an und begründe deine Antwort.

☐ 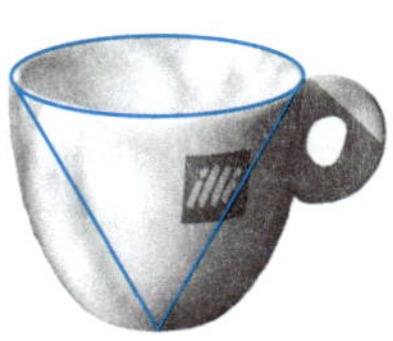 ☐ 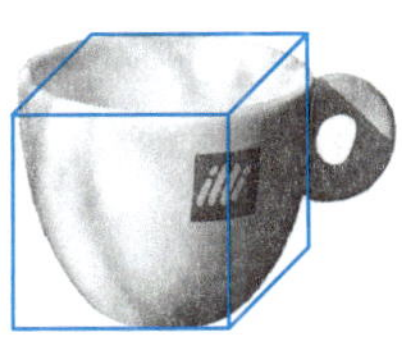 ☐ 

____

____

c) Wie teuer wäre ein Cappuccino in dieser Riesentasse, wenn 0,2 *l* Cappuccino in diesem Café 2,80 € kosten?

____

Teil B Komplexe Aufgaben

Lösungen zum Eingangstest und Übungsaufgaben

Auf den folgenden Seiten findest du die ausführlichen Lösungen zu den komplexen Aufgaben des Eingangstests und passende Übungsaufgaben. Kontrolliere deine Ergebnisse und bearbeite auf jeden Fall die Aufgaben, bei denen du noch nicht sicher bist. Die Lösungen der Übungsaufgaben findest du im Lösungsheft.

http://nale.fi/cvqd

1 Preisänderungen (von S. 42)

a) Eine Bluse kostet 74,90 €. Der Preis wird um 35 % gesenkt. Berechne den neuen Preis.
b) Der Preis für einen Anzug wurde um 40 % auf 179,94 € reduziert. Wie teuer war er vorher?
c) Der Preis für ein Rennrad wird um 50 € erhöht und beträgt jetzt 499 €. Um wie viel Prozent wurde der Preis erhöht?

Zu a)
35 % von 74,90 €: 74,90 € · 0,35 ≈ 26,22 €
74,90 € – 26,22 € = 48,68 €
oder
100 % – 35 % = 65 %   74,90 € · 0,65 ≈ 48,68 €

Der neue Preis der Bluse ist **48,68 €.**

Zu b)
60 % ≙ 179,94 €

$1\,\% \triangleq \frac{179{,}94\,€}{60}$

$100\,\% \triangleq \frac{179{,}94\,€ \cdot 100}{60} = 299{,}90\,€$

kürzer: x = 179,94 € : 0,6 = 299,90 €

Der Anzug kostete vorher **299,90 €.**

Zu c)
Gesucht ist der Wachstumsfaktor q.

Neuer Preis: 499 €   Alter Preis: 449 €

449 € · q = 499 € | : 449 €
q = 499 € : 449 €
q = 1,1114

Zu diesem Wachstumsfaktor q gehört der Prozentsatz (gerundet) p % ≈ 11,14 %
oder
Wie viel Prozent sind 50 € von 449 €?
$p\,\% = \frac{50\,€}{449\,€} \approx 0{,}1114 = 11{,}14\,\%$

Der Preis wurde um rund **11,14 %** erhöht.

(1) Svenja und Silke sind begeisterte Kart-Fahrerinnen. Svenja legt 12 Runden zurück, das sind nur 80 % der Anzahl von Runden, die Silke in derselben Zeit geschafft hat. Wie viele Runden hat Silke geschafft?

(2) Ein Reisebüro wirbt für eine 14-tägige Mittelmeer-Kreuzfahrt im September. Der Normalpreis pro Person in einer Außenkabine im B-Deck beträgt 1 990 €. Bei Buchung bis Ende März kostet die Kreuzfahrt in derselben Kategorie nur 1 293,50 €.
Wie viel Prozent gegenüber dem Normalpreis spart man bei Buchung bis Ende März?

(3) Gegenüber dem Vorjahr ist ein Auto 8 % billiger geworden. Es kostet jetzt 22 264 €.
Wie teuer war das Auto im Vorjahr?

(4) In einer Kleinstadt sind wöchentlich 840 Hausmülltonnen zu leeren. Jede dieser Hausmülltonnen ist erfahrungsgemäß mit durchschnittlich 18 kg Abfall gefüllt.

Durch ein Neubaugebiet hat sich Anfang 2019 die Zahl der Tonnen um 15 % erhöht, zugleich ist auch die durchschnittliche Abfallmenge pro Tonne um 5 % gewachsen.
Wie viel Abfall aus Hausmülltonnen mussten die Stadtreinigungswerke der Kleinstadt 2019 insgesamt abtransportieren?

(5) Zum Schuljahresbeginn 2016/2017 nahm eine neue Schule ihren Betrieb mit wenigen Schülerinnen und Schülern auf. 2017/2018 waren es schon 50 % mehr, zum Schuljahresbeginn 2018/2019 noch einmal 40 % mehr, nämlich 189.
Mit wie vielen Schülerinnen und Schülern nahm die Schule den Betrieb auf?

① Dieser Turm aus Holz steht als Modell vor dem Eingang zu einer Ausstellung.

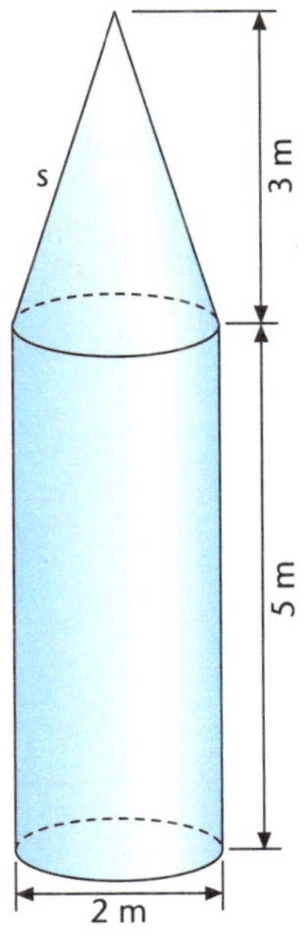

a) Ein Kubikmeter Holz wiegt 0,76 t. Wie schwer ist das Modell insgesamt? Runde auf zehntel Tonne.

b) Das Modell soll einen Schutzanstrich erhalten, damit es vor der Witterung geschützt ist. Pro Quadratmeter wird ein halber Liter Farbe gebraucht. Wie viele Liter Farbe werden insgesamt benötigt?

Hinweis: Berechne zunächst s.

② In den abgebildeten Holzzylinder wird ein 5 cm tiefes Loch mit dem Radius 2 cm gebohrt. 1 cm^3 Holz wiegt 0,76 g. Berechne die Masse des Werkstücks.

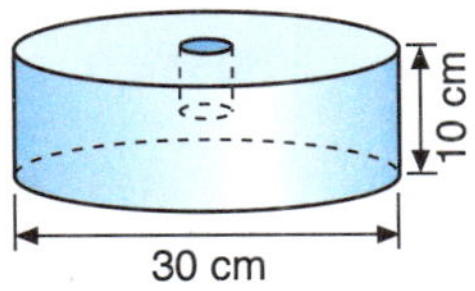

③ Die Skizze zeigt ein Werkstück aus Aluminium. Es besteht aus einer quadratischen Pyramide mit einer kegelförmigen Aushöhlung. Der Winkel zwischen den Seitenflächen und der Grundfläche beträgt 67°. Die Höhe des Kegels beträgt die Hälfte der Höhe der Pyramide.

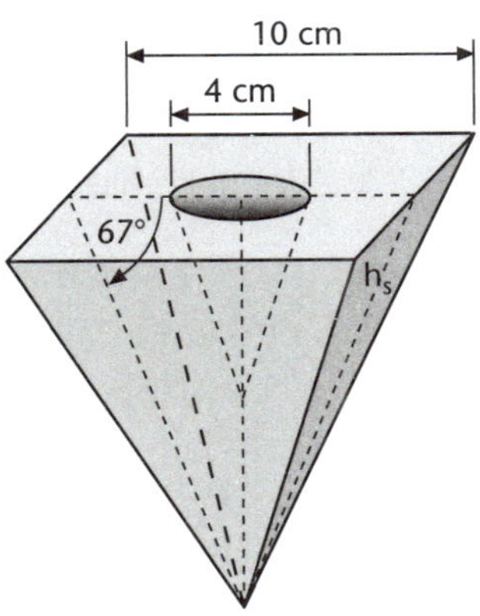

a) Wie groß ist die Körperhöhe der Pyramide?

b) Wie groß ist das Volumen des Werkstücks?

c) Ein Kubikzentimeter Aluminium wiegt 2,7 g. Berechne die Masse des Werkstücks in kg.

② Werkstück (von S. 42)

Das abgebildete Werkstück ist ein Quader, aus dem oben eine Halbkugel mit dem Radius 5 cm gefräst wurde (Maße in cm). Das Werkstück besteht aus Stahl mit der Dichte 7,9 $\frac{g}{cm^3}$.

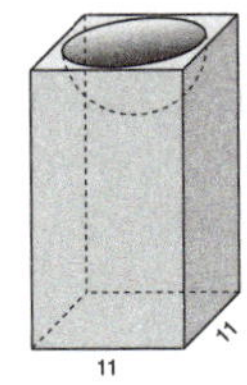

a) Berechne die Masse m des Werkstücks.

b) Berechne auch den Oberflächeninhalt.

http://nale.fi/mndq

Zu a)

Volumen Werkstück =

Volumen Quader – Volumen Halbkugel

Das Volumen des Quaders beträgt:

$V_Q = 11\text{ cm} \cdot 11\text{ cm} \cdot 20\text{ cm} = 2420\text{ cm}^3$

Das Volumen der Kugel beträgt:

$V_K = \frac{4}{3} \cdot \pi \cdot (5\text{ cm})^3 = \frac{4}{3} \cdot \pi \cdot 125\text{ cm}^3 \approx 523{,}6\text{ cm}^3$

Das Volumen der Halbkugel beträgt dann

$V_{HK} = 523{,}6\text{ cm}^3 : 2 = 261{,}8\text{ cm}^3$

Das Volumen des Werkstücks beträgt dann

$V_Q - \frac{1}{2} V_{HK} = 2420\text{ cm}^3 - 261{,}8\text{ cm}^3 = 2158{,}2\text{ cm}^3$

Da jeder Kubikzentimeter Stahl 7,9 g wiegt, ergibt sich die **Masse m** des Werkstücks aus:

$m = 7{,}9\,\frac{g}{cm^3} \cdot 2158{,}2\text{ cm}^3 = 17049{,}78\text{ g} \approx \mathbf{17\text{ kg}}$

Zu b)

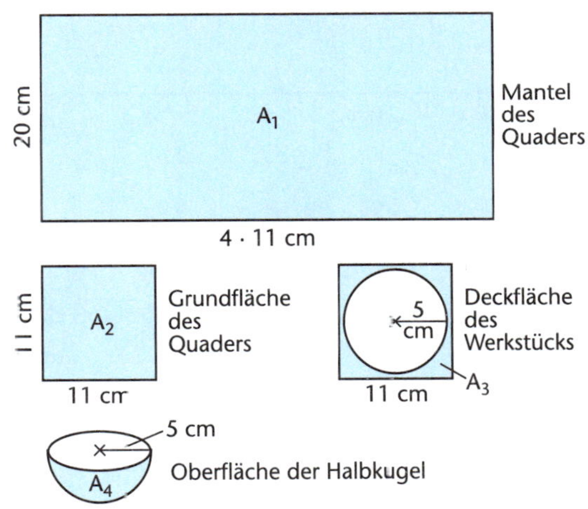

$A_1 = 20\text{ cm} \cdot 44\text{ cm} = 880\text{ cm}^2$

$A_2 = (11\text{ cm})^2 = 121\text{ cm}^2$

$A_3 = 121\text{ cm}^2 - \pi \cdot (5\text{ cm})^2 \approx 42{,}5\text{ cm}^2$

$A_4 = \frac{1}{2} \cdot 4 \cdot \pi \cdot r^2 = 2\pi \cdot (5\text{ cm})^2 \approx 157{,}1\text{ cm}^2$

$O = A_1 + A_2 + A_3 + A_4$

$O = 880\text{ cm}^2 + 121\text{ cm}^2 + 42{,}5\text{ cm}^2 + 157{,}1\text{ cm}^2$

$O = 1200{,}6\text{ cm}^2$

Der **Oberflächeninhalt ist ca. 1200,6 cm^2** groß.

http://nale.fi/hhqs

3 Straßenbahnfahrplan (von S. 42)

Der grafische Fahrplan gibt Auskunft über die Fahrt einer Straßenbahn vom Bahnhof (Bhf.) bis zum Tierpark mit den Zwischenhalten Rosentor, Nordheide und Stadion.

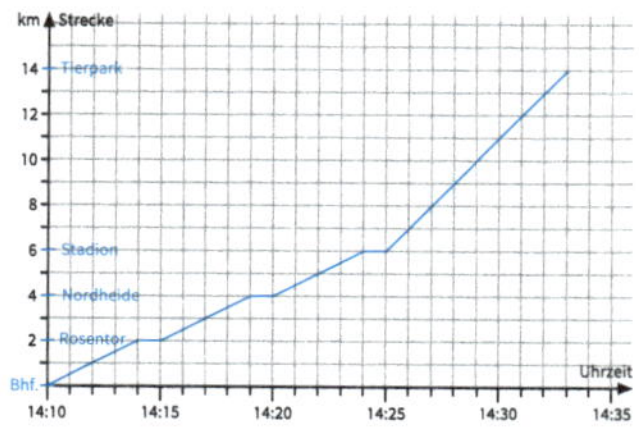

a) Gib die Entfernung zwischen den Haltestellen Bahnhof und Tierpark an.
b) Bestimme mithilfe der Grafik die Durchschnittsgeschwindigkeiten zwischen den Haltestellen.
c) Vervollständige mithilfe der Grafik den Fahrplan mit Ankunfts- und Abfahrtzeiten.

Zu a)
Die Entfernung zwischen den Haltestellen Bahnhof und Tierpark lässt sich aus dem Weg-Zeit-Diagramm ablesen. Sie **beträgt 14 km.**

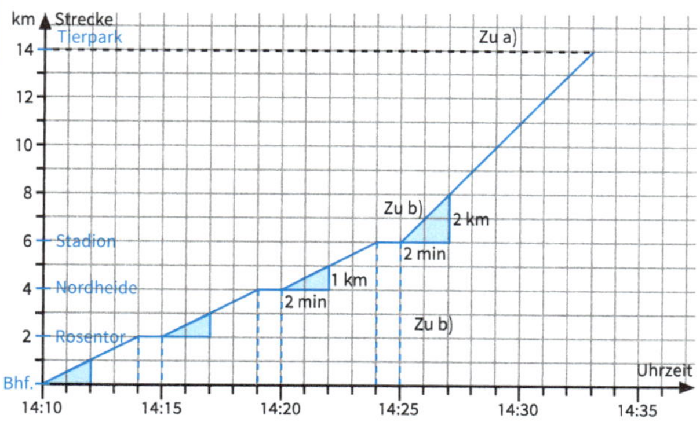

Zu b)
Je schneller die Straßenbahn fährt, desto steiler steigt der Graph an. Drei der vier Steigungsdreiecke sind kongruent, d. h., vom Bahnhof bis Stadion fährt die Straßenbahn zwischen den Haltestellen mit gleicher Durchschnittsgeschwindigkeit ($\frac{1\,\text{km}}{2\,\text{min}}$, also 30 $\frac{\text{km}}{\text{h}}$). Vom Stadion bis zum Tierpark fährt sie schneller ($\frac{2\,\text{km}}{2\,\text{min}}$, also 60 $\frac{\text{km}}{\text{h}}$).

Zu c)

	Uhrzeit	
Bahnhof	ab	14:10
Rosentor	an	14:14
	ab	14:15
Nordheide	an	14:19
	ab	14:20
Stadion	an	14:24
	ab	14:25
Tierpark	an	14:33

1. Die Klasse 10a veranstaltet um 20:00 Uhr eine Party im Jugendheim. Ina und Paul machen sich mit dem Fahrrad auf den Weg.

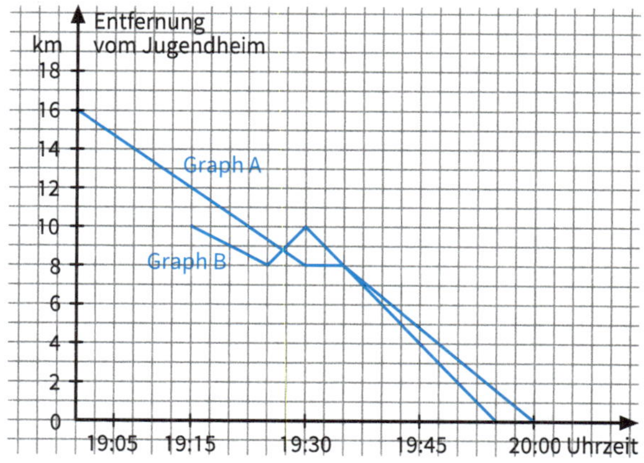

a) Ina startet 19:00 Uhr. Graph A beschreibt ihre Fahrt. Beurteile anhand dieser Darstellung, ob die Aussagen zutreffen können.

Nach einer Viertelstunde hat Ina bereits 5 km zurückgelegt.	☐ Ja	☐ Nein
Nach 30 Minuten legt Ina eine Rast ein.	☐ Ja	☐ Nein
Anfangs fährt Ina durchschnittlich 8 $\frac{\text{km}}{\text{h}}$.	☐ Ja	☐ Nein

b) 15 Minuten nach Ina beginnt Paul seine Fahrt. Diese ist in Graph B dargestellt. Beschreibe, wie sie verlaufen sein könnte.

c) Mit welcher konstanten Geschwindigkeit hätte Paul die gesamte Strecke fahren müssen, um 15 Minuten vor Ina anzukommen?

2. Eine 8 km lange Wanderung führt die Klasse 10b auf das Nebelhorn.

Die ersten Kilometer geht es nur leicht bergauf, und die Gruppe kommt gut voran. Dann fordert ein Klettersteig (K) die Kondition aller heraus. Gut, dass am Ende des Steigs eine Hütte (H) zur Rast einlädt. Von hier aus führt ein fast ebener Weg zum Gipfelkreuz (G).

Skizziere in einem Koordinatensystem einen zu der Beschreibung passenden Graphen für die Zuordnung *Zeit t* → *Weg s*.
Trage K, H und G am Graphen ein.

① Die Grafik zeigt die Entwicklung der Aktie der Firma UV in den Monaten Januar bis Juni.

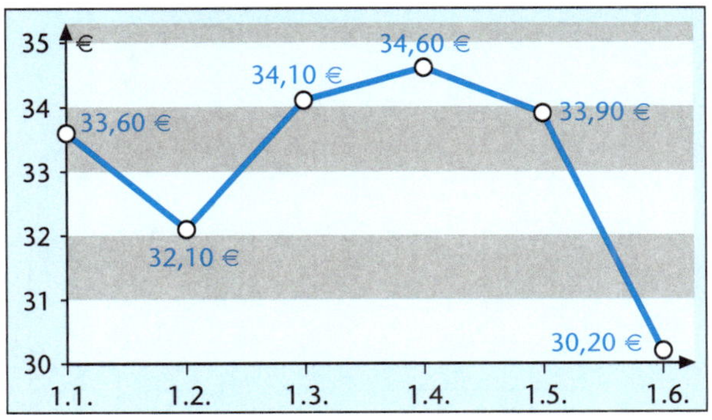

a) Um wie viel Prozent hat die Aktie der Firma UV vom 1.5. bis 1.6. verloren?

b) Im letzen Jahr hatte die Aktie der Firma durchschnittlich einen Wert von 33,65 €. Hat sie diesen Durchschnittswert auch in den dargestellten sechs Monaten erreicht?

c) Die Grafik vermittelt den Eindruck, als sei die Aktie der Firma UV vom 1.5. bis 1.6. so abgestürzt, dass sie fast nichts mehr wert ist. Wodurch entsteht dieser Eindruck?

d) Zeichne ein Säulendiagramm, das die Entwicklung des Aktienkurses vom 1.1. bis 1.6. realistisch darstellt.

② Die Klasse 10a führte eine Befragung zur Computernutzung in zwei 7. Klassen durch.

	7a	davon befragt	7b	davon befragt
Mädchen	14	11	16	14
Jungen	16	13	16	12

a) Wie viel % der Mädchen und Jungen aus der Klasse 7a haben an der Umfrage teilgenommen?

b) Stelle für die Klasse 7b in einem Kreisdiagramm die Anteile der Jungen und Mädchen in der Klasse und die jeweiligen Anteile der Mädchen und Jungen, die befragt wurden, dar.

c) Von den Befragten nutzten den Computer 45 % für Emails, 84 % zum Chatten, 72 % zum Spielen und 38 % für Internetrecherchen. Ist es sinnvoller, die Umfrageergebnisse in einem Kreisdiagramm oder in einem Säulendiagramm darzustellen? Begründe deine Antwort.

④ Fahrradurlaub (von S. 43)

http://nale.fi/erch

Die Grafik (siehe S. 43) zeigt, wie sich der Verbrauch eines Autos ändert, wenn man einen Dach- oder Heckträger (mit Fahrrädern) montiert.

a) Lennard behauptet, dass bei 80 $\frac{km}{h}$ der Verbrauch eines Autos mit zwei Fahrrädern auf dem Dachträger ungefähr doppelt so hoch ist wie bei einem Auto ohne Aufbau. Nimm Stellung zu dieser Aussage.

b) Herr Tropper fährt immer mit einem Dachträger. Diesmal hat er aber darauf noch zwei Fahrräder montiert. Um wie viel Prozent steigt dadurch der Verbrauch bei 120 $\frac{km}{h}$?

c) Herr und Frau Tropper überlegen, ob sie auf dem Dachträger des Autos ihre beiden Fahrräder in den Urlaub nach Schweden mitnehmen. Herr Tropper fährt im Schnitt 100 $\frac{km}{h}$. Erstelle einen Graphen, der den Gesamtverbrauch für beide Varianten (mit und ohne Fahrräder) in Abhängigkeit von der zurückgelegten Strecke beschreibt.
Benutze dafür das rechts abgebildete Koordinatensystem.

Zu a)
Lennards **Aussage ist falsch.**
Man muss beachten, dass die y-Achse nicht bei 0 beginnt. Entsprechend muss man die Werte von 4 Liter bzw. 5 Liter pro 100 km vergleichen.

Zu b)
Bei 120 $\frac{km}{h}$ lesen wir ab:
Der Verbrauch mit leerem Dachgepäckträger liegt bei ca. 5,6 Liter pro 100 km, mit zwei Fahrrädern auf dem Dach bei ca. 7,1 Liter pro 100 km.
Mit dem Dreisatz kann man nun den prozentualen Anstieg bestimmen:

5,6 Liter ≙ 100 %
1,0 Liter ≙ 17,86 % (≈ 100 % : 5,6)
7,1 Liter ≙ 126,8 % (≈ 17,86 % · 7,1)

Also steigt der Verbauch um **ungefähr 27 %.**

Zu c)

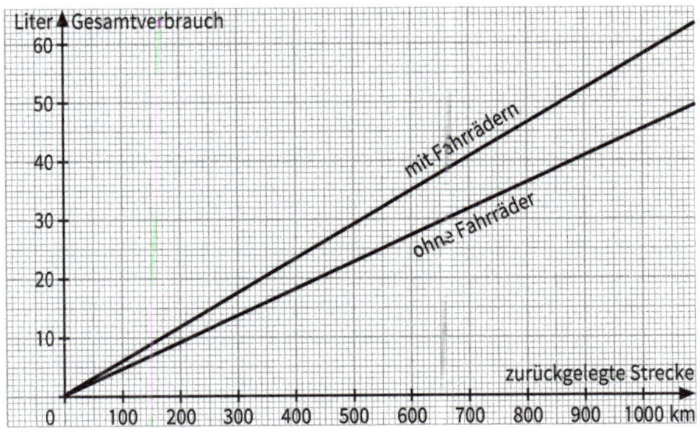

http://nale.fi/gpun

5 Herzogstandbahn (von S. 43)

Der Kartenausschnitt zeigt ein Wandergebiet in der Nähe von München. Anhand der Höhenlinien kann man erkennen, wie steil das Gelände ist. Eine Höhenlinie verbindet jeweils Punkte der Erdoberfläche, die auf gleicher Höhe über dem Meeresspiegel (ü. M.) liegen. Wer sich den anstrengenden Aufstieg auf den Fahrenberg sparen will, benutzt den Sessellift. Die Herzogstandbahn bringt in nur 4 Minuten ihre Gäste von der Talstation am Walchensee auf den Fahrenberg.
Wie lang ist die Strecke, die eine Kabine bei ihrer Fahrt auf den Berg zurücklegt?

Die Länge der gesuchten Strecke ermittelt man mithilfe des Satzes des Pythagoras.

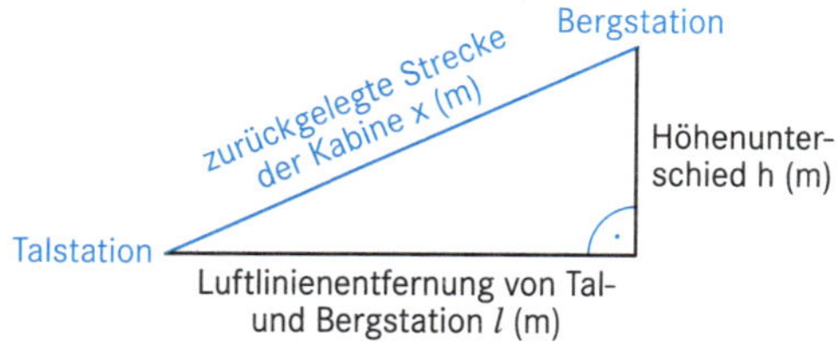

Zunächst bestimmen wir den Höhenunterschied zwischen Tal- und Bergstation.
An den Höhenlinien lesen wir ab:
Talstation 830 m ü. M.
Bergstation 1580 m ü. M.
Der Höhenunterschied h beträgt also 750 m.

Die Luftlinienentfernung (Entfernung über Grund) l zwischen Tal- und Bergstation bestimmt man in zwei Schritten:
(1) Entfernung der beiden Orte in der abgebildeten Karte messen.
(2) Kartenmaßstab nutzen.

Zu (1) Der Abstand zwischen Tal- und Bergstation in der Karte beträgt 5 cm.
Zu (2) Der Maßstab 1 : 20 000 bedeutet:
1 cm auf einer Karte entsprechen 20 000 cm in der Wirklichkeit. Man muss die gemessene Strecke also mit 20 000 multiplizieren:
5 cm · 20 000 = 100 000 cm.
Die Entfernung l zwischen den beiden Orten beträgt in der Realität also etwa 1000 m.
Jetzt lässt sich die gesuchte Strecke x mit dem Satz des Pythagoras ermitteln:

$$x^2 = h^2 + l^2$$
$$= (750\text{ m})^2 + (1000\text{ m})^2 = 1\,562\,500\text{ m}^2$$
$$x \approx 1250\text{ m}$$

Die Kabine legt also eine Strecke von ungefähr **1250 m** zurück.

1. Bestimme die Länge der blau eingetragenen Strecke im Dreieck. Runde auf mm.

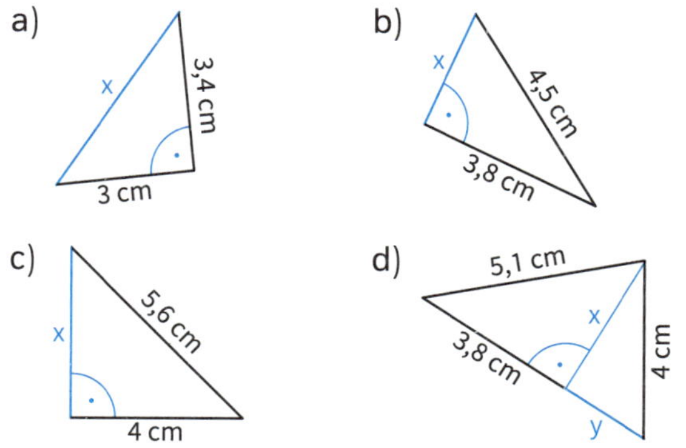

2. Das sogenannte „Haus des Nikolaus“ ist ein bekanntes Zeichenspiel und Rätsel. Man löst es, wenn man es schafft, das Haus in einem Zug zu zeichnen und dabei keine Strecke zweimal zu durchlaufen.

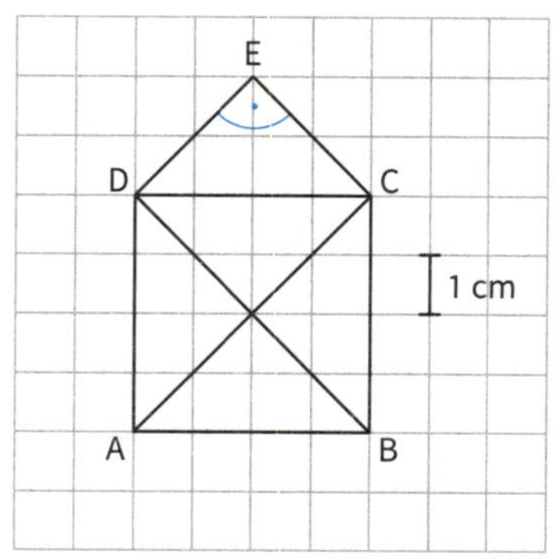

Bestimme rechnerisch die Länge des gesamten Streckenzuges. Runde das Ergebnis auf mm.

3. Bei Skisprungwettbewerben werden häufig Seilkameras eingesetzt. Sie liefern Aufnahmen der Skispringer aus der Vogelperspektive und übertragen diese an verschiedene Fernsehsender. In der Skizze ist eine Seilkamera an einem Trageseil befestigt, das zwischen zwei 12 m hohen Stahlpfosten über die Sportstätte gespannt ist.
Wie lang ist das Trageseil?

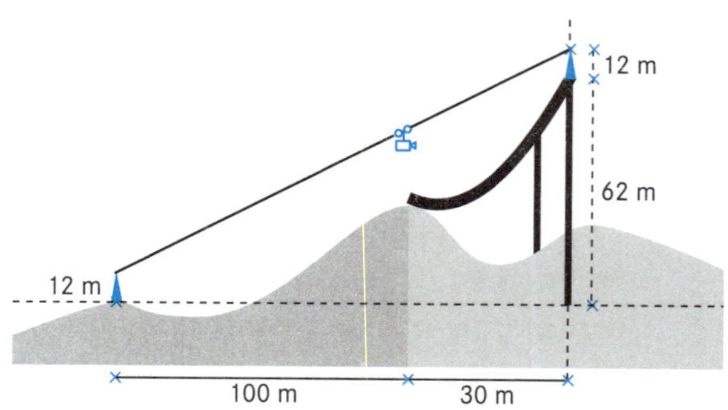

① Vier Konservendosen werden von einem Plastikband umfasst. Jede Dose hat einen Radius von 5 cm.
Berechne die Länge des Plastikbandes.

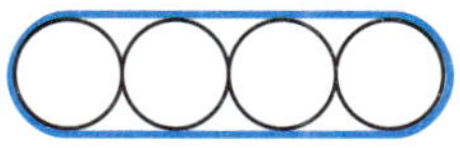

② Sechs Konservendosen werden wie in der Abbildung gezeigt von einem Plastikband umfasst. Jede Dose hat einen Radius von 6 cm.
Berechne die Bandlänge.

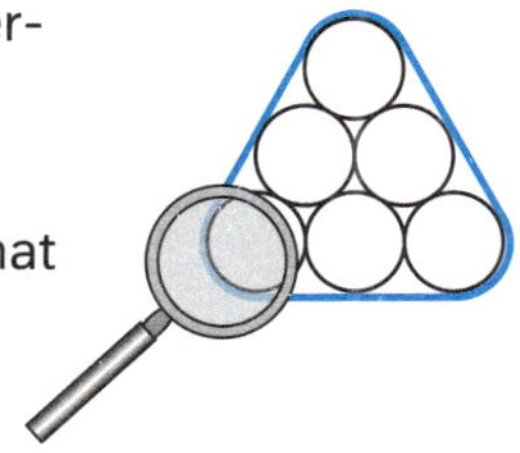

Hinweis: Das Lupenbild hilft dir bei der Lösung der Aufgabe. Überlege dazu, wie groß der Winkel α und demzufolge der Winkel β ist.

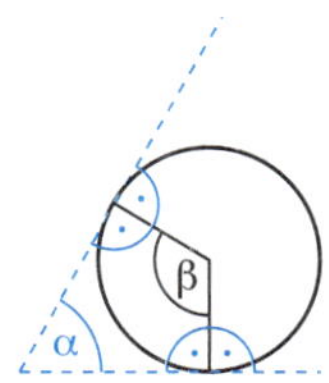

③ Der Kreis hat einen Radius von r = 8 cm.

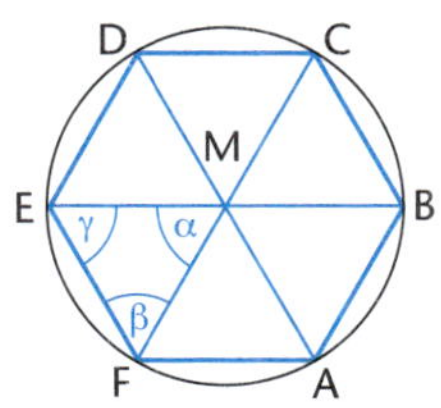

a) Berechne im Dreieck FME die Größe der Winkel.

b) Berechne den Umfang des regelmäßigen Sechsecks ABCDEF.

c) Um wie viel Prozent ist der Umfang des Kreises größer als der Umfang des regelmäßigen Sechsecks?

d) Welche Höhe hat das Trapez BCDE? Ermittle diese Höhe mit einer Zeichnung und berechne anschließend den Flächeninhalt des Trapezes.

e) Wie vergrößert sich der Flächeninhalt des Sechsecks, wenn der Radius des Umkreises verdoppelt wird? Wie vergrößert sich gleichzeitig der Umfang des Sechsecks?

④ Aus einer quadratischen Sperrholzplatte mit einer Fläche von $0{,}25\ m^2$ wird der größtmögliche Kreis ausgeschnitten.

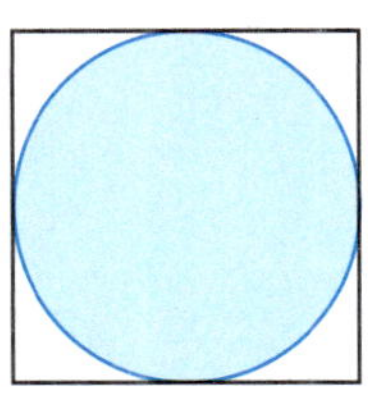

a) Berechne Flächeninhalt und Umfang des Kreises.

b) Wie viel Prozent der ursprünglichen Platte sind Abfall?

⑥ Konservendosen (von S. 44)

http://nale.fi/bggw

Sechs Konservendosen werden von einem Plastikband umfasst. Jede Dose hat einen Radius von 4 cm.

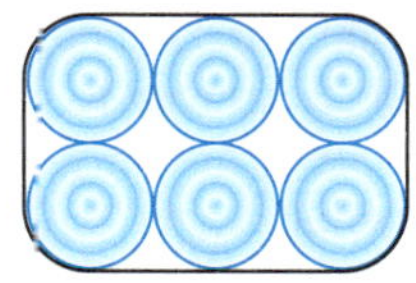

a) Berechne die Länge des Plastikbandes.

b) Reicht für Dosen mit doppeltem Radius ein doppelt so langes Plastikband? Begründe deine Antwort.

Zu a)
Zur Berechnung der Länge des Bandes unterteilt man es in gerade und gekrümmte Stücke.

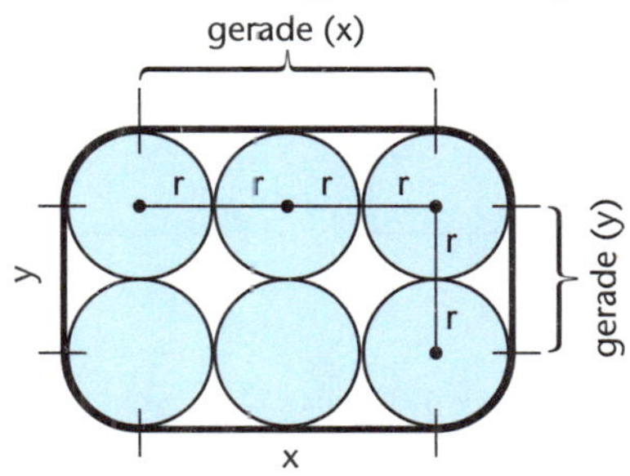

$x = 4 \cdot \text{Radius}$ $\quad y = 2 \cdot \text{Radius}$
$x = 4 \cdot 4\ cm$ $\quad y = 2 \cdot 4\ cm$
$x = 16\ cm$ $\quad y = 8\ cm$

Die vier gekrümmten Stücke entsprechen jeweils dem Viertelkreis, bilden zusammen also einen ganzen Kreis, dessen Umfang zu berechnen ist.

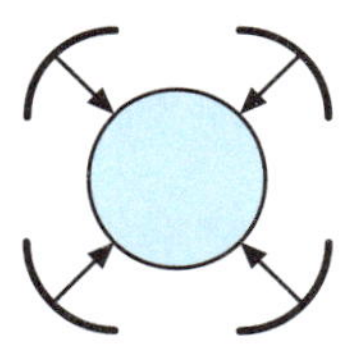

$u = 2\pi r$
$u = 2 \cdot \pi \cdot 4\ cm$
$u \approx 25{,}1\ cm$

Die Gesamtlänge des Bandes berechnet sich so: $l = 2x + 2y + u$ | x und y durch r ausdrücken
$l = 2 \cdot 4r + 2 \cdot 2r + 2\pi r$
$l \approx 8r + 4r + 2\pi r$
$\mathbf{l \approx 73{,}1\ cm}$

Zu b)
Gesamtlänge l_1 des Bandes mit Radius r:
$l_1 = 2x + 2y + u$ | x und y durch r ausdrücken
$l_1 = 2 \cdot 4r + 2 \cdot 2r + 2\pi r$
$l_1 = 8r + 4r + 2\pi r$
$l_1 = 12r + 2\pi r$
$l_1 = r\,(12 + 2\pi)$

Gesamtlänge l_2 mit doppeltem Radius:
$l_2 = 2r\,(12 + 2\pi)$

Ein doppelt so langes Band reicht also.

http://nale.fi/wsdg

7 Gläser (von S. 44)

Ein Likörglas und ein Rotweinglas werden mit Wasser gefüllt.

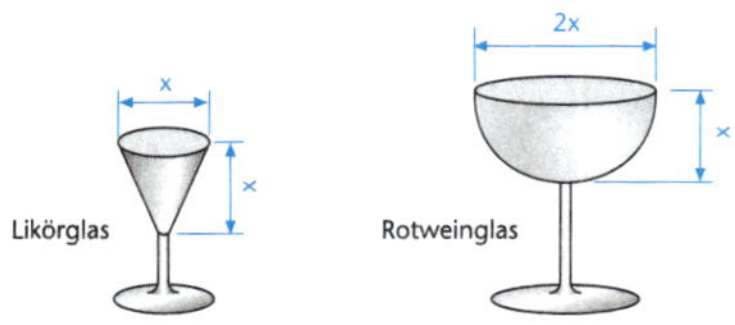

a) Wie viele vollständig gefüllte Likörgläser werden benötigt, um das Rotweinglas bis zum Rand zu füllen?

b) Welcher der abgebildeten Graphen zeigt am besten, wie sich die Höhe h des Flüssigkeitsspiegels beim gleichmäßigen Befüllen des **Rotweinglases** in Abhängigkeit von der Zeit t ändert? Kreuze an.

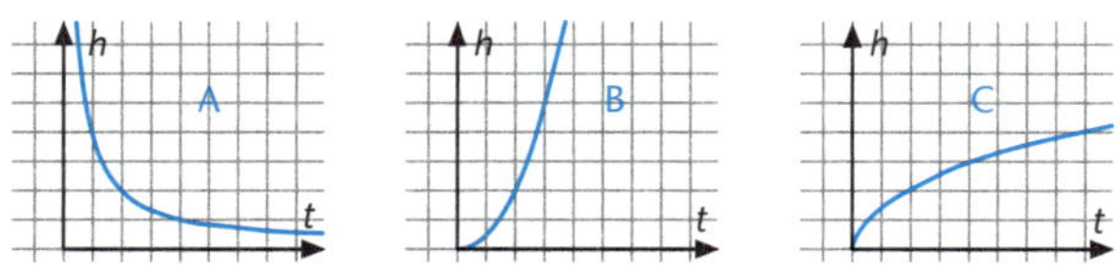

Zu a)

Zunächst muss das Volumen jedes Glases mit einem Term beschrieben werden.

- Der Kelch des Likörglases hat die Form eines auf die Spitze gestellten Kegels mit $r = \frac{1}{2}x$ und $h = x$. Also:

  $V_{\text{Likörglas}} = \frac{1}{3} \cdot \pi \cdot (\frac{1}{2}x)^2 \cdot x = \frac{1}{3} \cdot \pi \cdot \frac{1}{4}x^2 \cdot x = \frac{1}{12}\pi \cdot x^3$

- Der Kelch des Rotweinglases hat die Form einer Halbkugel mit $r = x$. Also:

  $V_{\text{Rotweinglas}} = \frac{1}{2} \cdot \frac{4}{3} \cdot \pi \cdot x^3 = \frac{2}{3} \cdot \pi \cdot x^3$

  Aus $(\frac{1}{12}\pi \cdot x^3) \cdot \mathbf{8} = \frac{2}{3} \cdot \pi \cdot x^3$ folgt: **8** randvolle Likörgläser füllen das Rotweinglas.

Zu b)

Je höher ein Punkt des Graphen liegt, desto voller ist das Gefäß.

A: Zu Beginn nimmt die Füllhöhe für eine kurze Zeit rapide, später immer langsamer ab.

B: Die Füllhöhe steigt zu Beginn ein wenig, später immer stärker an.

C: Der Flüssigkeitsspiegel steigt für kurze Zeit rasch, später immer weniger stark an.

Da das Rotweinglas nach oben zunehmend breiter wird und in gleicher Zeit stets die gleiche Flüssigkeitsmenge in das Glas fließt, steigt die Füllhöhe immer langsamer an.

Deshalb: **Richtig ist der Graph C.**

1 Ein quaderförmiger Behälter besitzt die in der Zeichnung angegebenen Innenmaße. Er wird langsam mit einer Flüssigkeit gefüllt. Pro Minute fließen 150 cm^3 in den Behälter.

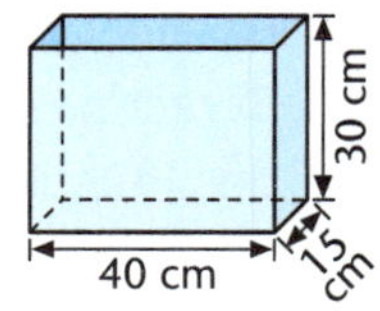

a) Welches Volumen hat der Behälter?

b) Nach wie vielen Minuten ist der Behälter voll?

c) Skizziere den Graphen der Funktion f: Zeit x (in min) → Füllhöhe y (in cm).

d) Wie lautet die zu f gehörende Funktionsgleichung?

2 Auch der folgende Behälter wird langsam mit einer Flüssigkeit gefüllt.

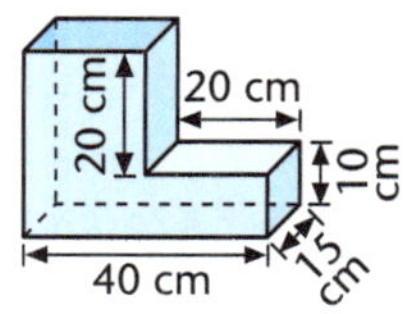

Es sollen in jeder Minute 150 cm^3 in den Behälter fließen.

a) Nach wie vielen Minuten ist jetzt der Behälter bis zum Rand gefüllt?

b) Skizziere den Graphen dieses Füllvorgangs im Koordinatensystem.

3 Verschiedene Gefäße werden gleichmäßig mit Wasser gefüllt.

a) Ordne jedem Gefäß den Graphen zu, der dessen Füllvorgang am besten darstellt.

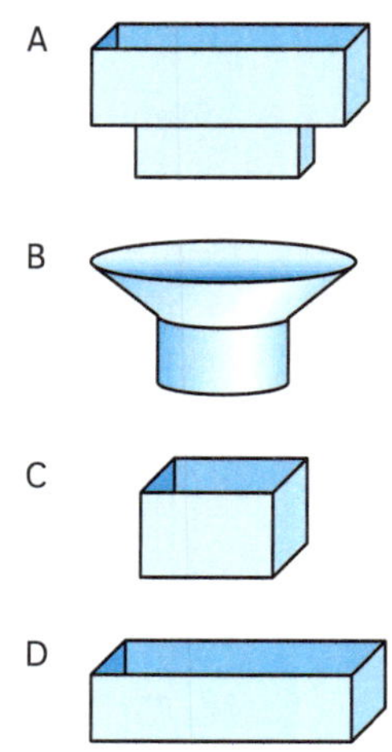

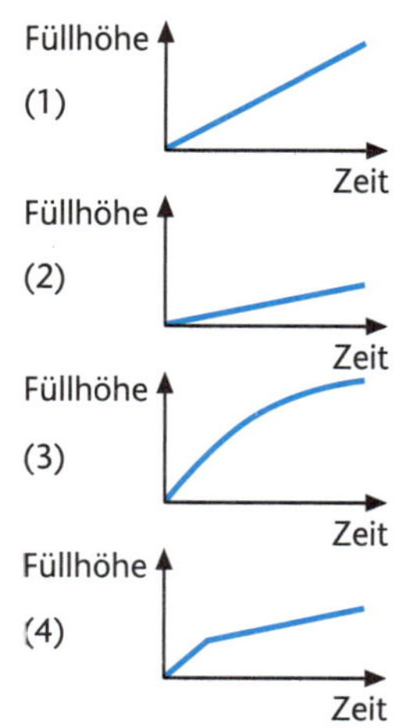

b) Skizziere ein Gefäß, dessen Füllvorgang zu diesem Graphen passt.

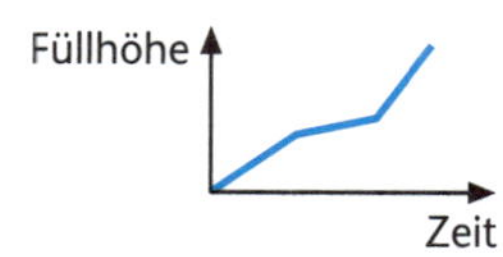

① Nur zwei Angaben geben den Anteil der hellen Spielsteine auf dem Bild richtig wieder. Ordne zu.

20 %, ein Drittel, jeder vierte, 40 %, 25 %, jeder fünfte

② Zwei Ausdrücke beschreiben denselben Anteil. Ordne die Zahlen den Buchstaben zu.

(1)	jeder zweite
(2)	fast die Hälfte
(3)	10 %
(4)	niemand
(5)	100 %

(A)	ein Zehntel
(B)	0 %
(C)	alle
(D)	50 %
(E)	49 %

③ Diese Schulnachrichten enthalten Fehler. Zeige rechnerisch, welche mathematische Aussage nicht mit dem Text übereinstimmt und korrigiere den Fehler.

(A) Jeder vierte Junge (4 %) der Klassenstufe 10 ist aktives Mitglied eines Sportvereins.

(B) Ein Zwanzigstel aller Schüler erhielten bei den Bundesjugendspielen eine Siegerurkunde. Letztes Jahr waren es sogar 5 %.

(C) Ein Fünftel aller Siebtklässler kommt mit dem Bus zur Schule. Unter den Achtklässlern sind es mit 25 % deutlich weniger.

④ Aus dem Mitteilungsblatt des FC Dribbel:

In der vorletzten Saison gewann unsere 1. C-Jugend-Mannschaft jedes dritte Spiel. Die letzte Saison verlief deutlich besser. Nach jedem sechsten Spiel verließ unsere Mannschaft als Sieger den Platz. Der Vereinsvorsitzende äußerte daher stolz: „Dies ist eine Steigerung um 50 %."

Was sagst du dazu?

⑤ Fuhr vor einigen Jahren noch jeder zehnte Autofahrer zu schnell, so ist es heute ‚nur noch' jeder fünfte. Doch auch fünf Prozent sind zu viele, und so wird weiterhin kontrolliert, und die Schnellfahrer haben zu zahlen.

Die Meldung ist fehlerhaft. Begründe.

⑧ Agenturmeldung (von S. 44)

Vor allem in Thüringen und Sachsen hängt oder liegt die *weiße Bluse* bei fast jeder neunten Frau (87,4 Prozent) im Schrank, ergab jetzt eine Umfrage.

Die nebenstehende Pressemeldung ist fehlerhaft. Begründe.

http://nale.fi/upwr

Die Meldung ist fehlerhaft, denn „jede neunte Frau" bedeutet:

Bei einer von neun Frauen hängt eine weiße Bluse im Schrank.

1 von 9 $= \frac{1}{9} \approx 0{,}11 = \frac{11}{100} = 11\,\%$

Unter 100 Frauen sind dann etwa elf Frauen zu finden, bei denen eine weiße Bluse im Schrank hängt.

Laut Agenturmeldung ist die weiße Bluse als Kleidungsstück sehr beliebt, nämlich bei 87,4 % der Frauen, d. h. unter 100 Frauen gibt es etwa 87, unter zehn Frauen sind etwa neun zu finden, bei denen eine weiße Bluse im Schrank hängt.

Richtig müsste die Meldung also lauten:
„Vor allem in Thüringen und Sachsen hängt oder liegt die weiße Bluse bei **etwa neun von zehn Frauen (87,4 Prozent)** im Schrank, ergab jetzt eine Umfrage."

Weitere Möglichkeit:
Da $87{,}4\,\% \approx 88\,\% \approx \frac{8}{9}$ gilt, hätte man auch schreiben können:
„Vor allem in Thüringen und Sachsen hängt oder liegt die weiße Bluse **bei etwa acht von neun Frauen (87,4 Prozent)** im Schrank, ergab jetzt eine Umfrage."

http://nale.fi/gbbe

9 Kugelstoßen (von S. 45)

Hier siehst du den ersten Teil der Flugbahn einer gestoßenen Kugel (Maße in m).

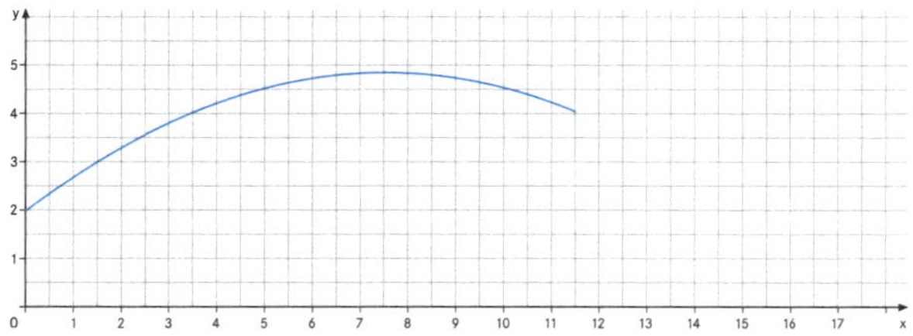

Die Flugbahn kann näherungsweise mit der Funktionsgleichung $f(x) = -0{,}05x2 + 0{,}75x + 2$ beschrieben werden.

a) Lies am Graphen ab, aus welcher Höhe die Kugel abgestoßen wurde.

b) Berechne, welche maximale Höhe die Kugel erreicht. Kontrolliere dein Ergebnis am Graphen.

c) Berechne die Kugelstoßweite und vervollständige die Flugbahn.

Zu a)
Die Kugel wird aus **2 m Höhe** abgestoßen (Punkt auf der y-Achse).

Zu b)
Die Funktionsgleichung wird auf die Scheitelpunktform gebracht (quadratische Ergänzung).

$f(x) = -0{,}05 \cdot (x^2 - 15x - 40)$

$f(x) = -0{,}05 \cdot (x^2 - 15x + 7{,}5^2 - 7{,}5^2 - 40)$

$f(x) = -0{,}05 \cdot ((x - 7{,}5)^2 - 96{,}25)$

$f(x) = -0{,}05 \cdot (x - 7{,}5)^2 + 4{,}8125$

Die Kugel erreicht eine **Höhe von rund 4,81 m.** Das passt zu dem y-Wert, den man am Graphen an der Stelle $x = 7{,}5$ abliest.

Zu c)
Wenn die Kugel am Boden aufprallt, ist die Flughöhe $f(x) = 0$.

$-0{,}05x^2 + 0{,}75x + 2 = 0 \quad | : (-0{,}05)$

$x^2 - 15x - 40 = 0 \quad |$ p-q-Formel

$x_{1/2} = 7{,}5 \pm \sqrt{7{,}5^2 + 40}$

$x_{1/2} = 7{,}5 \pm \sqrt{96{,}25}$

$x_1 \approx 17{,}31 \quad (x_2 \approx -2{,}31)$

Die Kugel wird **17,31 m** weit gestoßen.
Das ist die **vollständige Flugbahn:**

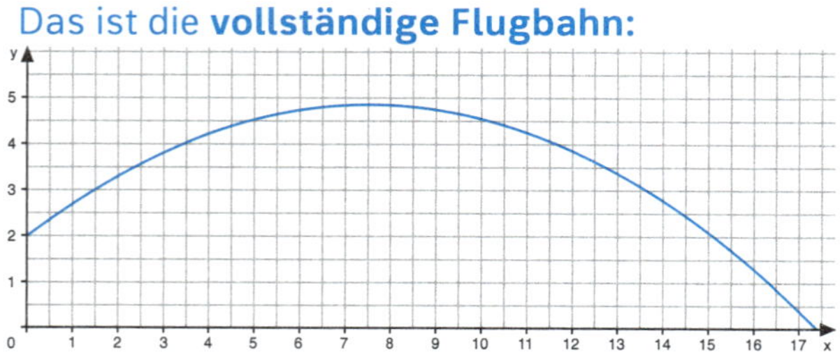

(1) Ein Brückenbogen hat die Form einer Parabel mit der Gleichung $f(x) = y = -0{,}04x^2 + 38$

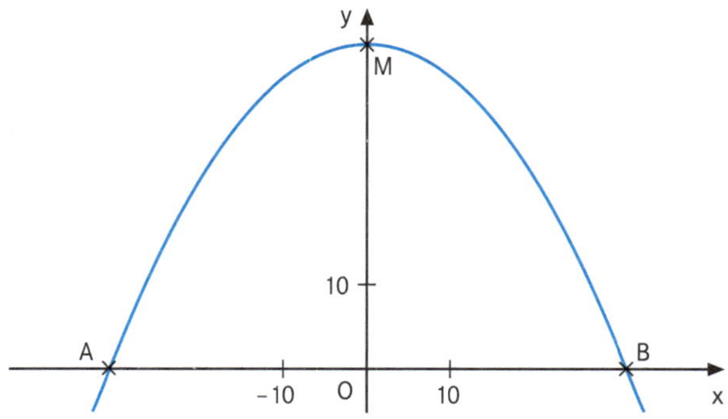

a) Wie lang ist die Strecke $\overline{OM}$?

b) Wie lang ist die Strecke $\overline{AB}$?

(2) Die Zeichnung zeigt schematisch den Ablauf eines Weitsprungs. Das Gesäß des Springers bewegt sich etwa auf einer Parabel mit der Gleichung $y = -0{,}08x^2 + 0{,}4x + 0{,}7$.

Wie weit vom Absprung entfernt setzt der Springer im Sand auf?

(3) Elke versucht einen Korbwurf. Trifft sie? Begründe.

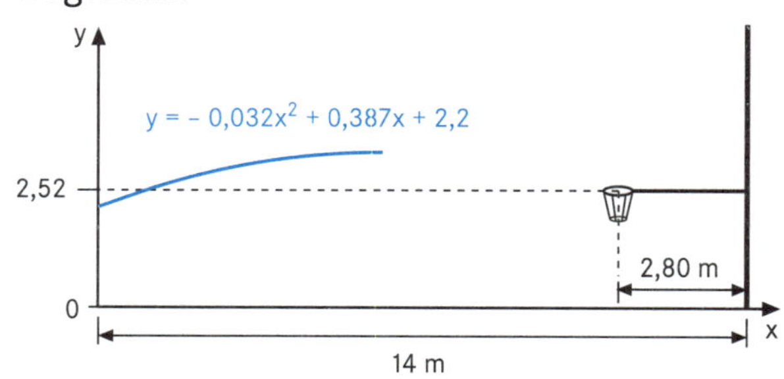

(4) Das ist die Flugbahn eines Golfballes. Sie ist eine Parabel der Form $y = ax^2 + bx + c$.

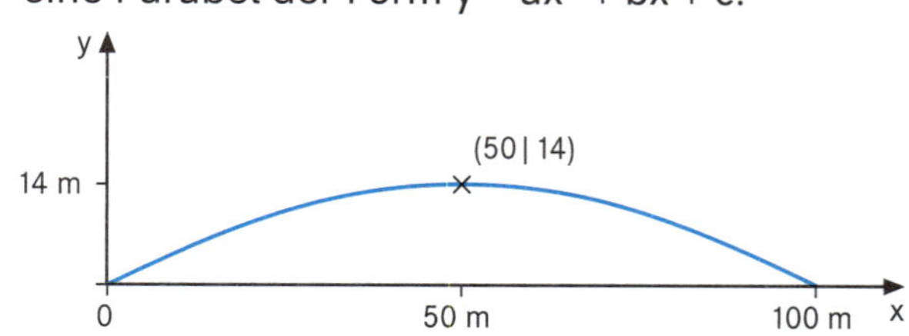

a) Bestimme den Wert von c.

b) Berechne a und b mithilfe der Punkte (50 | 14) und (100 | 0).
Schreibe dann die Funktionsgleichung auf.

① Abgebildet ist ein gleichschenkliges Dreieck.

a) Berechne den Flächeninhalt des Dreiecks.

b) Berechne die Innenwinkel des Dreiecks.

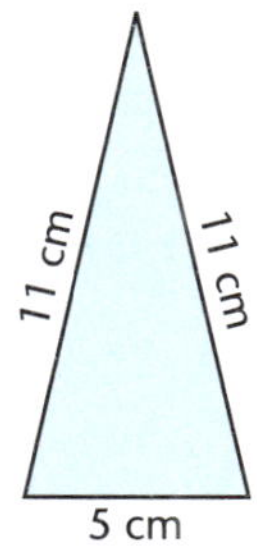

② Das Werkstück aus Eisen ist ein Prisma mit einem gleichschenkligen Trapez als Grundfläche.

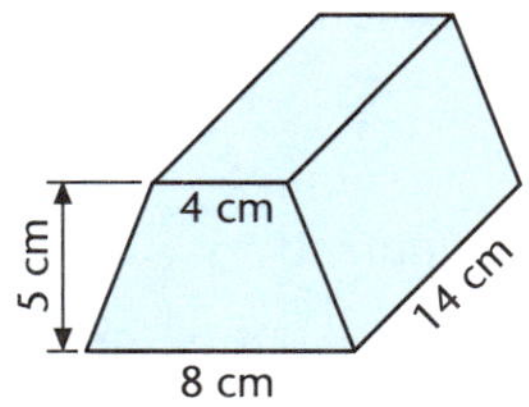

a) Berechne das Volumen des Werkstücks.

b) Berechne den Oberflächeninhalt des Werkstücks.

c) Berechne die Innenwinkel der Trapezfläche.

③ Abgebildet sind die Maße von Tor, Torraum und Strafraum eines Fußballfeldes. Das Tor ist 2,44 m hoch.

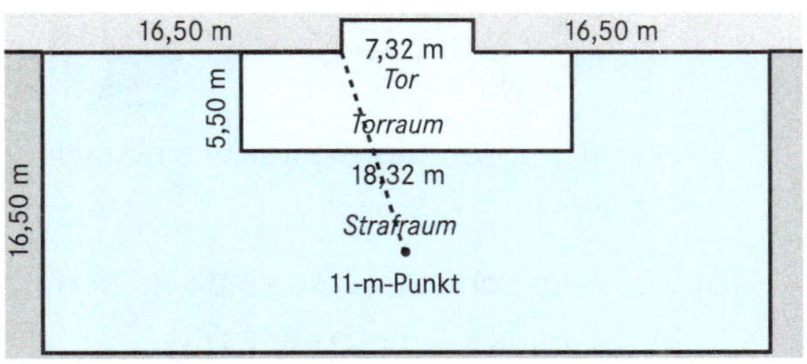

a) Wie groß ist der Strafraum eines Fußballfeldes außerhalb des Torraumes?

b) Vom Elfmeterpunkt wird ein Ball in gerader Linie in die obere linke Ecke geschossen, wo Pfosten und Latte zusammentreffen. Welchen Weg legt der Ball zurück?

c) Mit welchem Winkel hebt der Ball, dessen Weg in Teilaufgabe b) beschrieben ist, vom Boden ab?

④ Berechne den Flächeninhalt und Umfang des Parallelogramms.

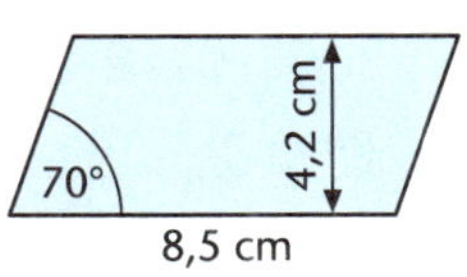

⑩ Haus mit Satteldach (von S. 45)

Der Zeichnung kannst du die Außenmaße eines Einfamilienhauses entnehmen.

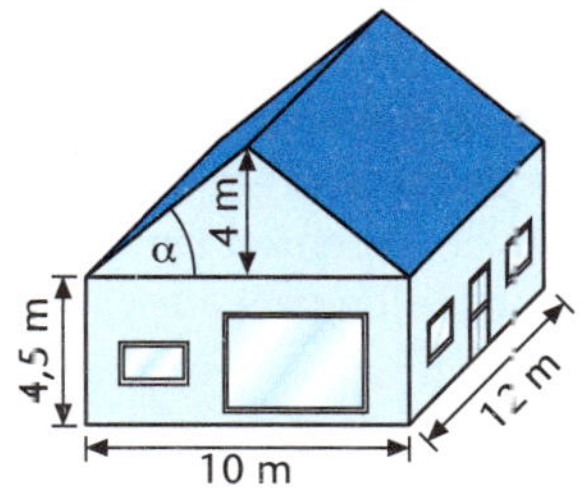

a) Berechne das Volumen des Hauses (umbauter Raum).
b) Wie groß ist die gesamte Dachfläche?
c) Berechne den Neigungswinkel α des Dachs.

Zu a)
Der untere Teil des Hauses ist ein Quader mit dem Volumen V_1, der obere Teil ist ein Prisma mit einem Dreieck als Grundfläche G und dem Volumen V_2.

$V_1 = a \cdot b \cdot c$ $\quad V_2 = G \cdot h$

$V_1 = 10\text{ m} \cdot 4{,}5\text{ m} \cdot 12\text{ m}$ $\quad V_2 = \frac{10\text{ m} \cdot 4\text{ m}}{2} \cdot 12\text{ m}$

$V_1 = 540\text{ m}^3$ $\quad V_2 = 240\text{ m}^3$

$V = V_1 + V_2 = 540\text{ m}^3 + 240\text{ m}^3 = 780\text{ m}^3$

Das Volumen des Hauses beträgt insgesamt **780 m³**.

Zu b)
Die Dachflächen bestehen aus zwei gleichen Rechtecken. Der Flächeninhalt eines Rechtecks berechnet sich aus x · 12 m.

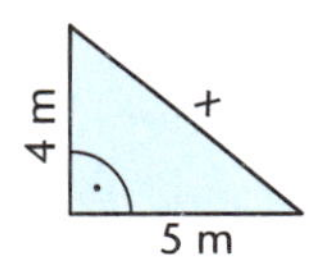

Die Länge der Dachkante x wird mit dem Satz des Pythagoras berechnet.

$x^2 = (4\text{ m})^2 + (5\text{ m})^2$

$x^2 = 41\text{ m}^2 \quad |\sqrt{\ }$

$x = \sqrt{41\text{ m}^2} \approx 6{,}40\text{ m}$

$A = (6{,}40\text{ m} \cdot 12\text{ m}) \cdot 2 = 153{,}60\text{ m}^2$

Die gesamte Dachfläche ist **153,6 m²** groß.

Zu c)

$\tan\alpha = \frac{\text{Gegenkathete}}{\text{Ankathete}} = \frac{4\text{ m}}{5\text{ m}} = \frac{4}{5}$

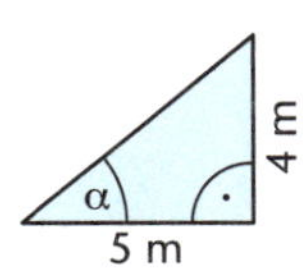

$\tan\alpha = 0{,}8$

$\alpha \approx 38{,}66°$

Der Neigungswinkel des Daches beträgt ca. **39°**.

http://nale.fi/rbnq

http://nale.fi/bawz

http://nale.fi/xfwt

11 Nebenjobs (von S. 46)

Bei einer Umfrage unter 580 Zehntklässlern geben 30 % an, neben der Schule zu jobben. Insgesamt nehmen 348 Mädchen an der Umfrage teil. Von den befragten Mädchen haben 25 % einen Nebenjob.

a) Berechne den prozentualen Anteil der Mädchen und Jungen an den befragten Zehntklässlern.
b) Wie viele Mädchen haben keinen Nebenjob?
c) Wie viel Prozent der Jungen haben keinen Nebenjob?

Zu a)
348 der 580 Befragten sind Mädchen.
G = 580 W = 348 p % ist gesucht.
$p\,\% = \frac{W}{G} = \frac{348}{580} = 0{,}6 = 60\,\%$
Der prozentuale Anteil der **Mädchen** an den befragten Zehntklässlern beträgt **60 %.**
Also sind 40 % der befragten Zehntklässler Jungen.
Das sind 232 (= 580 – 348).

Zu b)
25 % (ein Viertel) der befragten 348 Mädchen geben an, einen Nebenjob zu haben. Das sind 348 : 4 = 87 Mädchen. Damit haben 261 (= 348 – 87) Mädchen keinen Nebenjob.

Zu c)
30 % der 580 befragten Zehntklässler haben einen Nebenjob.
G = 580 p % = 30 % W ist gesucht.
$W = G \cdot p\,\% = 580 \cdot 30\,\% = 580 \cdot 0{,}3 = 174$
174 der befragten Zehntklässler haben also einen Nebenjob und **406** (= 580 – 174) haben keinen Nebenjob.
Von diesen 406 Zehntklässlern ohne Nebenjob sind 261 Mädchen (s. Teil b)), also haben 145 (= 406 – 261) Jungen keinen Nebenjob.
Da insgesamt 232 Jungen an der Befragung teilgenommen haben, entspricht dies einem Anteil von $\frac{145}{232} = 0{,}625 = 62{,}5\,\%$.
62,5 % der Jungen haben keinen Nebenjob.
In der folgenden Tabelle sind noch einmal alle Daten zusammengestellt.

	Mit Nebenjob	Ohne Nebenjob	
Mädchen	87	261	348
Jungen	87	145	232
	174	406	**580**

1 An einer Schule sind 55 % der Schülerinnen und Schüler Mädchen. 35 % der Mädchen kommen mit dem Fahrrad zur Schule. Insgesamt fahren 40 % mit dem Rad zur Schule.

a) Vervollständige das Baumdiagramm.

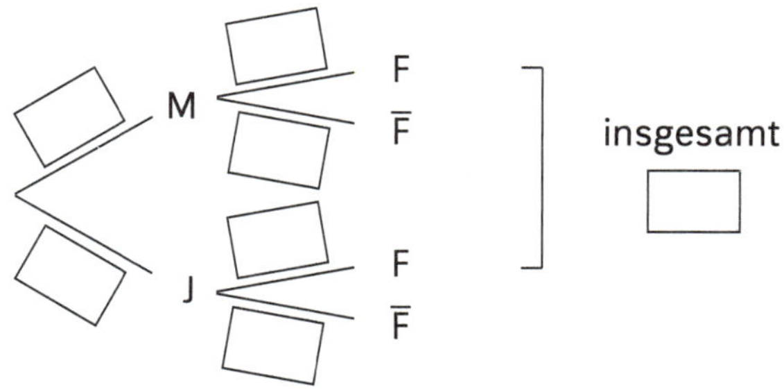

F: mit dem Fahrrad F̄: ohne Fahrrad

b) Berechne, wie viel Prozent der Jungen mit dem Fahrrad zur Schule kommen.

2 Eine Tüte Lakritzkonfekt enthält 60 Stücke in zwei Geschmacksrichtungen: Kakao und Kokos. Zwei Drittel der Konfektstücke besitzen die Form eines Quaders, der Rest ist zylinderförmig. Ein Drittel des Konfekts hat Kakaogeschmack, 12 Konfektstücke sind zylinderförmig und schmecken nach Kokos.

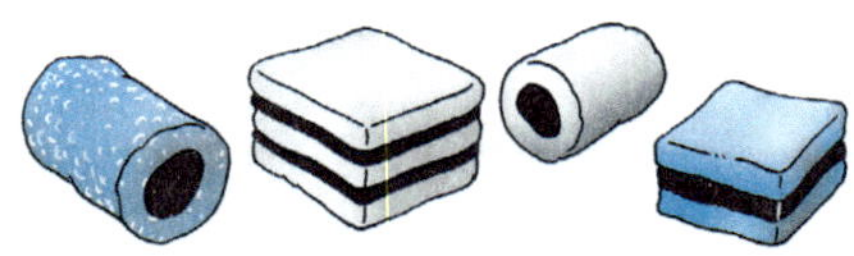

a) Wie viel % der Konfektstücke sind zylinderförmig?

b) Wie viele Konfektstücke sind zylinderförmig und schmecken nach Kakao?

c) Wie hoch ist die Wahrscheinlichkeit, ein quaderförmiges Konfekt mit Kokosgeschmack aus der vollen Tüte zu ziehen?

3 Ein Hersteller für Tiefkühlkost befragte 300 Personen, darunter 120 Jugendliche, ob ihnen eine neue Pizzasorte schmeckt. Die Tabelle zeigt das Ergebnis der Umfrage.

	schmeckt	schmeckt nicht	gesamt
Erwachsene			
Jugendliche		48	120
gesamt	196		300

a) Ergänze die fehlenden Daten der Umfrage.

b) Gib die Wahrscheinlichkeit dafür an, dass einem Erwachsenen die Pizza nicht schmeckt.

(1) Ein Routenplaner zeigt für die Strecke von Köln nach Dortmund mit dem Auto 95 km an und nennt eine Fahrtzeit von 1 Stunde 30 Minuten. Der Regionalexpress fährt die etwas längere Bahnstrecke mit einer Durchschnittsgeschwindigkeit von 72 $\frac{km}{h}$ in der gleichen Zeit. Wie lang ist die Bahnstrecke?

(2) Das Schaubild gibt an, wie viel die Bundesbürger für Waren und Dienstleistungen des täglichen Bedarfs ausgeben, wenn 1 000 € zu Grunde liegen.

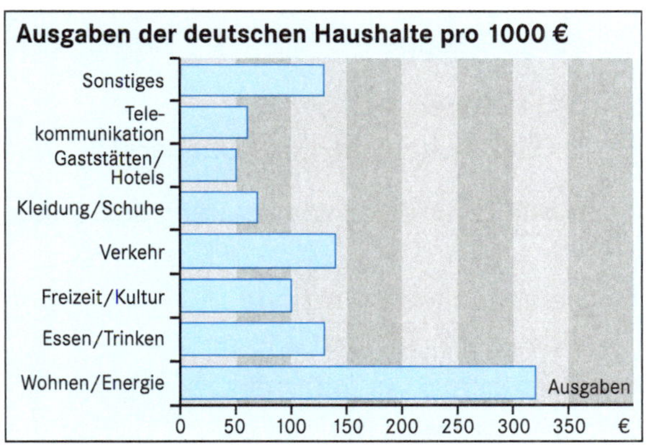

a) Aus dem Schaubild kann folgender Vergleich herausgelesen werden: „Für Wohnen/Energie geben die Bundesbürger etwa dreimal so viel aus wie für Freizeit/Kultur." Stelle mithilfe des Schaubilds mindestens drei weitere Vergleiche an.

b) Familie Wagner hat jährlich rund 30 000 € zur Verfügung. Ihre Ausgaben entsprechen ungefähr den durchschnittlichen Ausgaben deutscher Haushalte. Wie viel Geld würde Familie Wagner nach dem abgebildeten Modell für Wohnen/Energie im Jahr ausgeben, wie viel für Verkehr?

(12) Pkw-Antriebe und Kosten (von S. 46)

http://nale.fi/kwab

Fahrzeughersteller bieten ihre Modelle mit alternativen Antrieben an (siehe S. 46).

a) Berechne, wie weit man mit den verschiedenen Antrieben für 10 € kommt. Stelle die Ergebnisse in einem geeigneten Diagramm dar.

b) Für den Antrieb mit einem Hybridmotor wurde ein Preis von 1,30 € pro Liter Super angenommen. Kann das Fahrzeug mit einer Tankfüllung (50 *l*) die Strecke Hamburg – München (775 km) zurücklegen? Begründe rechnerisch.

c) Im Preis von einem Liter Super (1,30 €) ist eine Energiesteuer von 65,45 ct enthalten. Berechne den Anteil in Prozent.

Zu a)

Benzinmotor: $\frac{10\,€}{7{,}80\,€} = \frac{B}{100\,km} \rightarrow B \approx 128\,km$

$B = \frac{10\,€ \cdot 100\,km}{7{,}80\,€} \approx 128{,}21\,km$

Dieselmotor: $\frac{10\,€}{5{,}82\,€} = \frac{D}{100\,km} \rightarrow D \approx 172\,km$

$D = \frac{10\,€ \cdot 100\,km}{5{,}82\,€} \approx 171{,}82\,km$

Hybridmotor: $\frac{10\,€}{5{,}33\,€} = \frac{H}{100\,km} \rightarrow H \approx 188\,km$

$H = \frac{10\,€ \cdot 100\,km}{5{,}33\,€} \approx 187{,}62\,km$

Elektromotor: $\frac{10\,€}{2{,}93\,€} = \frac{E}{100\,km} \rightarrow E \approx 341\,km$

$E = \frac{10\,€ \cdot 100\,km}{2{,}93\,€} \approx 341{,}30\,km$

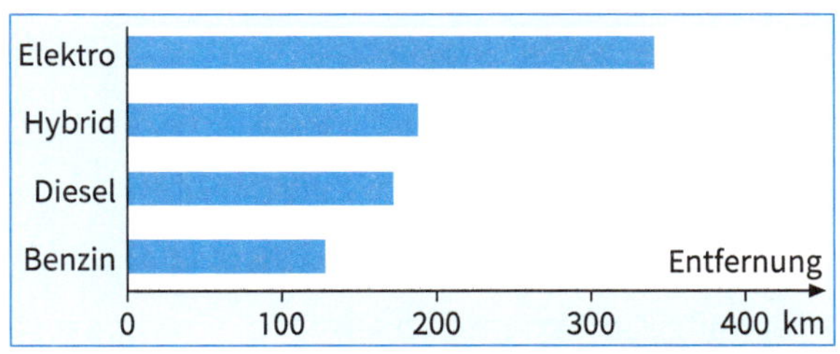

Zu b)

Zunächst muss der Verbrauch für 100 km berechnet werden: 5,33 € : 1,30 € = 4,1

Bei einer Tankfüllung von 50 *l* ergibt sich:

50 *l* : 4,1 *l* ≈ 12

Die Reichweite beträgt 12 · 100 km = 1200 km.

Die Tankfüllung reicht.

Zu c)

$\frac{0{,}6545\,€}{1{,}30\,€} \approx 0{,}50$

Der Anteil der Energiesteuer beträgt rund **50 %**.

http://nale.fi/avwu

13 Seitenlängen beim Quadrat (von S. 47)

Welche Aussagen sind falsch? Begründe, warum sie falsch sind.
(1) Verdoppelt man die Seitenlänge eines Quadrats, so vervierfacht sich der Umfang.
(2) Verdoppelt man die Seitenlänge eines Quadrats, so vervierfacht sich der Flächeninhalt.
(3) Verdreifacht man die Seitenlänge eines Quadrats, so verdreifacht sich der Umfang.
(4) Verdreifacht man die Seitenlänge eines Quadrats, so verdreifacht sich der Flächeninhalt.

Aussage (1) ist **falsch:**
$u_1 = 4a \qquad u_2 = 4 \cdot 2a = 8a$
8a ist nur das Doppelte von 4a.

Aussage (2) ist **richtig:**
$A_1 = a^2 \qquad A_2 = (2a)^2 = 2a \cdot 2a = 4a^2$
$4a^2$ ist das Vierfache von a^2.

Aussage (3) ist **richtig:**
$u_1 = 4a \qquad u_3 = 4 \cdot 3a = 12a$
12a ist das Dreifache von 4a.

Aussage (4) ist **falsch:**
$A_1 = a^2 \qquad A_3 = (3a)^2 = 3a \cdot 3a = 9a^2$
$9a^2$ ist sogar das 9-Fache von a^2.

Verdreifacht man dagegen bei einem Würfel die Kantenlänge, hat das folgende Auswirkung auf das Volumen:

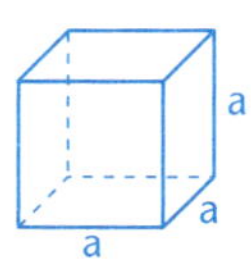

$\mathbf{V = a^3} \qquad V_3 = (3a)^3 \qquad \mathbf{V_3 = 27a^3}$

Verlängert man bei einer Fläche oder einem Körper alle Kanten um den Faktor k, so wächst:
- der Umfang der Fläche um das k-Fache,
- der Flächeninhalt bzw. die Oberfläche um das k^2-Fache,
- das Volumen des Körpers um das k^3-Fache.

Beispiel:
Bei einem Kegel mit dem Radius r und der Höhe h werden beide Maße verdoppelt. Wie ändert sich das Volumen?
Der vergrößerte Kegel hat den Radius 2r und die Höhe 2h.

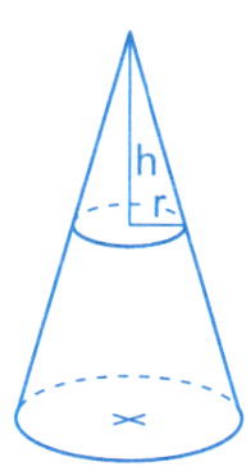

Es gilt: $V = \frac{\pi}{3} r^2 h \qquad V = \frac{\pi}{3} \cdot (2r)^2 \cdot 2h$

$\mathbf{V = \frac{\pi}{3} \cdot 8r^2h}$

Das Volumen ist 8-mal so groß.

1 Wie ändert sich der Umfang eines Rechtecks, wenn man Länge und Breite verdoppelt?
- ☐ Der Umfang verdoppelt sich.
- ☐ Der Umfang vervierfacht sich.
- ☐ Der Umfang verachtfacht sich.

2 Wie ändert sich der Flächeninhalt eines Kreises, wenn man den Radius vervierfacht?
- ☐ Der Flächeninhalt verdoppelt sich.
- ☐ Der Flächeninhalt vervierfacht sich.
- ☐ Der Flächeninhalt verachtfacht sich.
- ☐ Der Flächeninhalt versechszehnfacht sich.

3 Wie ändert sich das Volumen eines Würfels, wenn man seine Kantenlänge halbiert?

4 Abgebildet sind eine große Kugel und vier kleine Kugeln, die nur halb so hoch sind.

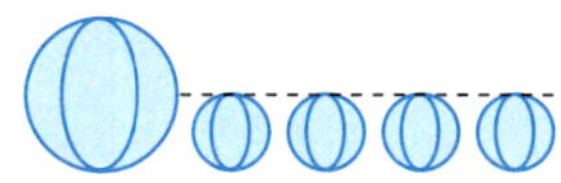

Die fünf Kugeln sind aus demselben Material. Die große Kugel wiegt 7 kg. Wie viel wiegen die vier kleinen Kugeln zusammen?

5 Beim abgebildeten Quader werden die Kantenlängen a, b und c verdoppelt.

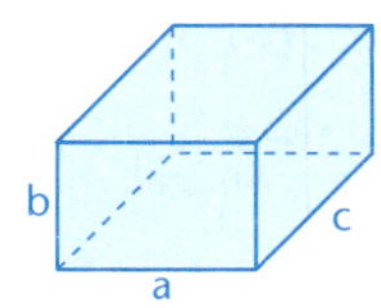

a) Wie ändert sich der Oberflächeninhalt des Quaders?

b) Wie ändert sich das Volumen des Quaders?

6 Die abgebildete Holzpyramide ist 24 cm hoch und wiegt 2 kg. 6 cm unterhalb der Spitze wird parallel zur Grundfläche ein Schnitt durch die Pyramide gelegt.

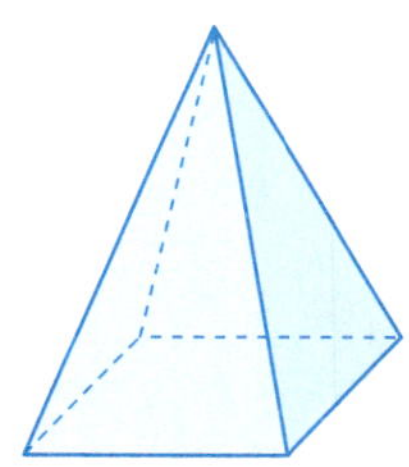

a) Wie schwer ist die abgeschnittene Spitze, die ja ebenfalls eine Pyramide ist?

b) Welchen Bruchteil von der Oberfläche der gesamten Pyramide beträgt die Oberfläche der Spitze?

☐ $\frac{1}{2}$	☐ $\frac{1}{16}$
☐ $\frac{1}{4}$	☐ $\frac{1}{32}$
☐ $\frac{1}{8}$	☐ $\frac{1}{64}$

① LOS ANGELES, 21. Mai 2010
Für die Rekordsumme von 7,85 Mio. Dollar (6,36 Mio. €) ist in Kalifornien jetzt ein Silberdollar aus dem Jahr 1794 verkauft worden. Von den Münzen wurden 1758 geprägt. Die jetzt verkaufte ist die älteste von den 150, die es noch gibt.

Flowing Hair Dollar

Masse	27 g
Durchmesser	39 bis 40 mm
Zusammensetzung	90 % Silber 10 % Kupfer
Prägung	1794 bis 1795

a) Bestimme anhand der Angaben im Nachrichtentext den Wechselkurs zwischen Euro und Dollar im Mai 2010.

b) Silber besitzt eine Dichte von $10{,}5\,\frac{g}{cm^3}$, Kupfer von $8{,}9\,\frac{g}{cm^3}$. Für die Silberlegierung des Flowing Hair Dollars wird die Dichte mit $10{,}34\,\frac{g}{cm^3}$ angegeben. Erkläre.

c) Bestimme die Dicke der Münze.

d) 1 Gramm der Silberlegierung hatte Ende Mai 2010 einen Materialwert von etwa 0,80 €. Wie viel Prozent des Materialwerts des Flowing Hair Dollars entspricht die Rekordsumme aus dem Verkauf?

②

Beim Aufschütten von Salz, Getreide, Sand usw. entstehen Schüttkegel. Wie hoch und wie breit ein Kegel wird, hängt von dem so genannten Böschungswinkel des Materials ab. Bei Mehl beträgt dieser Winkel zwischen Seitenlinie und Durchmesser ca. 45°. Der abgebildete Mehlkegel besteht aus 250 g Mehl, sein Durchmesser beträgt etwa 12 cm.

a) Wie viel wiegt ungefähr 1 cm³ Mehl?

b) Wie hoch wäre der Kegel, wenn statt 250 g die doppelte Menge verwendet worden wäre?

⑭ Tonnenschwere Goldmünze (von S. 47)

http://nale.fi/gvkd

Zwei Zeitungen berichteten im Oktober 2011 über die größte Goldmünze der Welt.

(1) „Eine Tonne schwer und 80 cm Durchmesser, reines Gold im Wert von 55 Millionen US-Dollar."
(2) „... sie ist 80 cm hoch, 12 cm dick, 1 Tonne schwer und zu 99,99 Prozent aus Feingold. Ihr Materialwert liegt bei 34 000 000 €."

a) Vergleiche die Angaben zum Materialwert der Meldungen (1) und (2). Bestimme den Wechselkurs zwischen Euro und Dollar für Oktober 2011.
b) Stimmt die angegebene Dicke in (2) mit den in (1) genannten Maßen überein? Rechne bei Gold mit einer Dichte von $19{,}3\,\frac{g}{cm^3}$.
c) Löse die Formel für das Volumen eines Zylinders nach r auf. Berechne damit den Radius r einer solchen Goldmünze, die dieselbe Dicke hat, aber nur halb so schwer ist.

Zu a)

Euro	US-Dollar
34 000 000	55 000 000
34	55
1	$\frac{55}{34} \approx 1{,}6176$

Im Oktober 2011 betrug der Wechselkurs zwischen Euro und Dollar 1,6176. Für 1 Euro erhielt man 1,62 US-Dollar.

Zu b)
(1) $V = \frac{\text{Masse}}{\text{Dichte}} = \frac{1\,t}{19{,}3\,\frac{g}{cm^3}} = \frac{1\,000\,000\,g}{19{,}3\,\frac{g}{cm^3}}$

$$\mathbf{V \approx 51\,813{,}5\ cm^3}$$

Wegen $V = \pi \cdot r^2 \cdot h$ gilt:

$h = \frac{V}{\pi \cdot r^2} \approx \frac{51\,813{,}5\ cm^3}{\pi \cdot (40\ cm)^2}$, $\mathbf{h \approx 10{,}3\ cm}$

Dabei ist h die Dicke der Münze. Die Angaben stimmen also nicht überein.

Zu c)

$V = \pi \cdot r^2 \cdot h \;\rightarrow\; r^2 = \frac{V}{\pi \cdot h} \;\rightarrow\; r = \sqrt{\frac{V}{\pi \cdot h}}$

Halbe Masse bedeutet halbes Volumen.

$V = \frac{51\,813{,}5\ cm^3}{2} = 25\,906{,}75\ cm^3$

$h = 10{,}3\ cm$

$\mathbf{r} = \sqrt{\frac{25\,906{,}75\ cm^3}{p \cdot 10{,}3\ cm}} \approx \mathbf{28{,}3\ cm}$

Der Radius beträgt etwa **28,3 cm.**

http://nale.fi/sfat

(15) Kapitalanlage (von S. 47)

Zur Konfirmation erhält Henrik 1 000 € von seinen Großeltern. Er legt das Geld zu 1,5 % an und will den Betrag so lange unangetastet lassen, bis sich sein Anfangskapital verdoppelt hat.

a) Wie viele Jahre muss Henrik warten?

b) In welcher Zeit würde sich bei gleicher Verzinsung ein Kapital von 10 000 € verdoppeln?

Zu a)

Um zu berechnen, in wie vielen Jahren das Anfangskapital von 1 000 € bei einem Zinssatz von 1,5 % auf ein Endkapital von 2 000 € anwächst, überlegt man sich:

Anfangskapital	1 000,0 €	
	↓ · 1,015	
Kapital nach 1 Jahr	1 015,00 €	$\cdot 1{,}015^2$
	↓ · 1,015	
Kapital nach 2 Jahren	1 030,225 €	**$\cdot 1{,}015^x$**
Kapital nach x Jahren	⋮ **2 000,00 €**	

Die Anzahl der Jahre bis zur Verdoppelung des Anfangskapitals auf 2 000 € liefert demnach die Gleichung:

$$1\,000\text{ €} \cdot 1{,}015^x = 2\,000\text{ €} \quad |: 1\,000\text{ €}$$

$$1{,}015^x = \frac{2\,000\text{ €}}{1\,000\text{ €}}$$

$$1{,}015^x = 2$$

Lösen der Gleichung durch probierendes Einsetzen von ganzzahligen Exponenten:

$1{,}015^{40} \approx 1{,}81$

$1{,}015^{45} \approx 1{,}95$

$1{,}015^{46} \approx 1{,}98$

$1{,}015^{47} \approx 2{,}01$

Henrik muss also etwa **47 Jahre** bis zur Verdoppelung seines Anfangskapitals warten.

Zu b)

Die Lösung zu a) zeigt, dass die Höhe des Betrages keinen Einfluss auf die Verdoppelungszeit hat. Richtig ist daher: Auch ein Kapital von 10 000 € verdoppelt sich bei einem Zinssatz von 1,5 % in etwa **47 Jahren.**

(1) Berechne die fehlenden Angaben mithilfe der Zinseszinsformel: $K_n = K_0 \cdot (1 + \frac{p}{100})^n$.

	a)	b)	c)
Kapital (K_0)	2 000 €		1 560 €
Zinssatz (p %)	1,4 %	1,6 %	1,5 %
Laufzeit (n)	4 Jahre	1 Jahr	
Endkapital (K_n)		751,84 €	1 705,77 €

(2) Legt man einen Betrag von 2 000 € fest zu 1,6 % Zinsen an, so verdoppelt sich das Kapital durch Zins und Zinseszins nach etwa 44 Jahren. Wie viele Jahre dauert es ungefähr, bis sich das Kapital vervierfacht hat?

☐ etwa 66 Jahre ☐ etwa 100 Jahre
☐ etwa 88 Jahre ☐ etwa 135 Jahre

(3) Im Diagramm ist die Entwicklung eines Anfangskapitals von 500 € bei einem festen Zinssatz über mehrere Jahre dargestellt. Das Endkapital y nach x Jahren kann durch die Gleichung $y = 500 \cdot (1 + \frac{p}{100})^x$ berechnet werden.

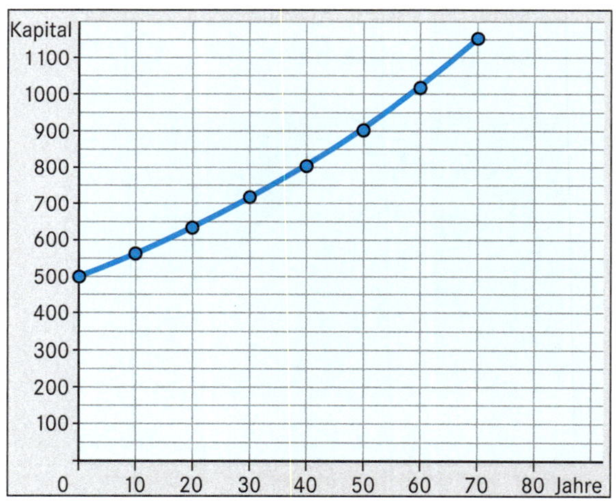

a) Lies aus dem Diagramm ab, nach welcher Zeit sich das Anfangskapital verdoppelt hat.

b) Gib an, zu welchem gleichbleibenden Zinssatz das Anfangskapital angelegt wurde. Notiere deine Rechnung. Runde das Ergebnis auf Zehntel %.

c) Wie lange würde es bei gleicher Verzinsung dauern, bis sich ein Kapital von 50 000 € verdoppelt hätte?

(1) Es wird mit den beiden Würfeln aus der nebenstehenden Aufgabe (16) gewürfelt. Benutze zur Beantwortung der folgenden Fragen die Tabelle aus der Lösungsspalte der Aufgabe (16).

a) Wie groß ist die Wahrscheinlichkeit, zwei verschiedene Zahlen zu würfeln?

b) Wie groß ist die Wahrscheinlichkeit, mindestens die Augensumme 10 zu würfeln?

c) Wie groß ist die Wahrscheinlichkeit, zwei ungerade Zahlen zu würfeln?

(2) Julian und Lara würfeln abwechselnd mit zwei Würfeln, Lara beginnt. Sie muss versuchen, die Augensumme 12 zu erzielen, Julian ist erfolgreich mit der Augensumme 7.
Das Spiel ist zu Ende, wenn Lara 3-mal die Augensumme 12 oder Julian 15-mal die Augensumme 7 erzielt hat.
Begründe, wer von den beiden die besseren Gewinnchancen hat.

(3) Abgebildet sind die Netze von zwei Würfeln, mit denen gleichzeitig gewürfelt wird.

(1)

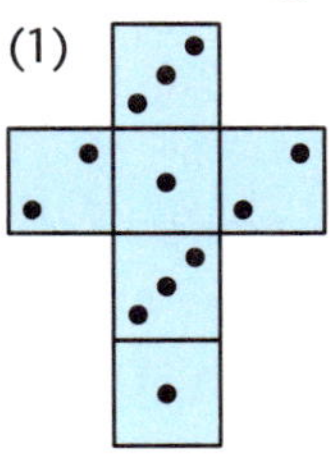

(2)

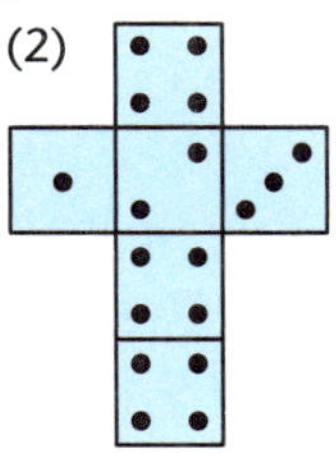

a) Wie groß ist die Wahrscheinlichkeit, eine gerade Augensumme zu würfeln?

b) Wie groß ist die Wahrscheinlichkeit, zwei gleiche Zahlen zu würfeln?

c) Wie groß ist die Wahrscheinlichkeit, die Augensumme 6 zu würfeln?

(4) Die vier Könige eines Skatspiels werden gemischt und verdeckt auf den Tisch gelegt. Du drehst nacheinander zwei der vier Spielkarten um. Wie groß ist die Wahrscheinlichkeit,

a) die beiden schwarzen Könige umzudrehen?

b) einen roten und einen schwarzen König in beliebiger Reihenfolge umzudrehen?

(16) Zwei Würfel (von S. 48)

http://nale.fi/hmsw

Es wird gleichzeitig mit einem blauen und einem schwarzen Würfel gewürfelt.

Das Ergebnis (3;5) bedeutet: Mit dem blauen Würfel wurde eine 3 und mit dem schwarzen Würfel eine 5 gewürfelt.

a) Wie viele Ergebnisse sind möglich?
b) Wie groß ist die Wahrscheinlichkeit für das Ergebnis (3;5)?
c) Wie groß ist die Wahrscheinlichkeit, einen Pasch, d. h. zwei gleiche Zahlen, zu würfeln?

Zu a)
Die möglichen Ergebnisse kann man sich in einer Tabelle darstellen.

	1	2	3	4	5	6
1	(1;1)	(1;2)	(1;3)	(1;4)	(1;5)	(1;6)
2	(2;1)	(2;2)	(2;3)	(2;4)	(2;5)	(2;6)
3	(3;1)	(3;2)	(3;3)	(3;4)	(3;5)	(3;6)
4	(4;1)	(4;2)	(4;3)	(4;4)	(4;5)	(4;6)
5	(5;1)	(5;2)	(5;3)	(5;4)	(5;5)	(5;6)
6	(6;1)	(6;2)	(6;3)	(6;4)	(6;5)	(6;6)

Das blau unterlegte Feld zeigt das Wurfergebnis: blauer Würfel 3, schwarzer Würfel 5.

Es gibt $6 \cdot 6 =$ **36 mögliche Ergebnisse.**

Zu b)
(1) Von den 36 möglichen Ergebnissen ist nur ein einziges Ergebnis (3;5). **P (3;5) = $\frac{1}{36}$**

(2) Das Würfeln mit zwei Würfeln kann als zweistufiger Versuch aufgefasst werden. Für das Ergebnis (3;5) können wir ein vereinfachtes Baumdiagramm zeichnen.

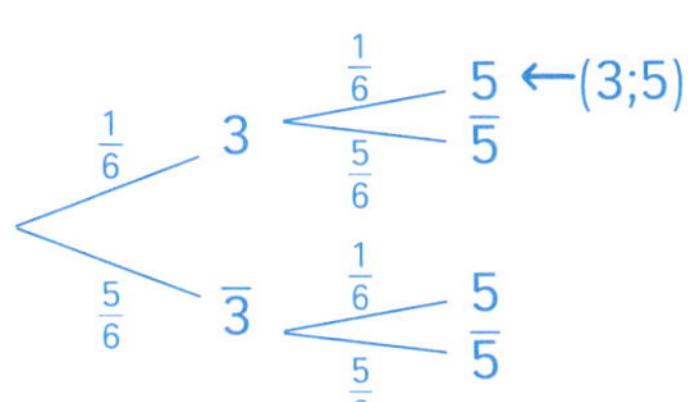

Mit der Pfadregel erhalten wir:
$P(3;5) = \frac{1}{6} \cdot \frac{1}{6} = \frac{1}{36}$

Zu c)
Es gibt die sechs Pasche (1;1), (2;2), (3;3), (4;4), (5;5) und (6;6).

$P(\text{Pasch}) = \frac{6}{36}$ **P (Pasch) = $\frac{1}{6}$**

http://nale.fi/vaqz

17 Fußballduell (von S. 48)

Die abgebildete Grafik vergleicht, wie viel Euro in Deutschland und wie viel Euro in England durch internationale und nationale Medienerlöse eingenommen werden.

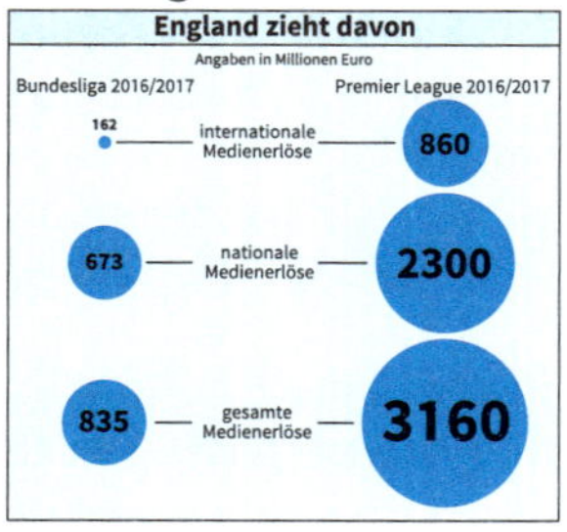

a) Wie viel Prozent der gesamten Medienerlöse in Deutschland machen die nationalen Medienerlöse aus?

b) Angenommen, der internationale Medienerlös wächst jedes Jahr in Deutschland um 10 %. Nach wie vielen Jahren ist er dann ungefähr so groß wie in England im Jahr 2016/2017?

c) Begründe, warum die Darstellung der beiden Kreise zum internationalen Medienerlös irreführend ist.

Zu a)
gesamte Medienerlöse in Deutschland (G):
835 000 000 €
nationale Medienerlöse in Deutschland (W):
673 000 000 €
Gesucht: p % $p\,\% = \frac{673\,000\,000 \text{ Euro}}{835\,000\,000 \text{ Euro}} \approx 0{,}81 =$ **81 %**

Zu b)
Die internationalen Erlöse in England sind ungefähr 5,3-mal so hoch wie die in Deutschland (860 Mio. : 162 Mio. ≈ 5,3). Der Wachstumsfaktor beträgt 10 %. Daraus ergibt sich folgende Gleichung: $1{,}1^x = 5{,}3$
Systematisches Probieren liefert für $x \approx 17{,}5$.
Nach **17,5 Jahren** wären die internationalen Medienerlöse in Deutschland ungefähr so groß wie in England in der Saison 2016/17.

Zu c)
In der Grafik werden die Werte der Medienerlöse durch die Flächeninhalte der Kreise dargestellt. Die internationalen Medienerlöse in England sind 5,3-mal so groß wie die in Deutschland (s. Teil b), aber 5,3 Kreise der Bundesliga zusammengelegt ergeben eine viel kleinere Gesamtfläche als die Kreisfläche bei der Premier League. Genauer: Der Kreis der Premier League hat einen etwa sechsmal so großen Radius und damit den 36-fachen Flächeninhalt wie der Kreis der Bundesliga.
Da der Kreis der internationalen Medienerlöse der Bundesliga viel zu klein gezeichnet wurde, ist die Darstellung zum internationalen Medienerlös irreführend.

1. Unter günstigen Bedingungen vermehren sich Fruchtfliegen täglich um 25 %. Angenommen, anfangs waren es zehn Fruchtfliegen.

   a) Wie viele Fruchtfliegen sind es nach sieben Tagen?

   b) Bestimme den Zeitraum, in dem sich die Anzahl der Fruchtfliegen verhundertfacht.

2. Im Jahr 2013 hatte China 1,36 Mrd. Einwohner, Indien 1,24 Mrd. Einwohner. Damit lebte mehr als ein Drittel der gesamten Weltbevölkerung von ungefähr 7 Milliarden Menschen in diesen beiden Ländern. In China wächst derzeit die Bevölkerung um 1,014 % pro Jahr, in Indien beträgt das Bevölkerungswachstum rund 1,7 %.

   a) Wie viele Menschen werden bei einem angenommenen jährlichen Wachstum von 1,014 % im Jahr 2050 in China leben?

   b) Angenommen, in beiden Ländern bleibt es bei der derzeitigen Wachstumsrate. Bestimme das Jahr, in dem Indien dann erstmals vor China hinsichtlich der Einwohnerzahl auf dem 1. Platz der Länder steht.

3. In der Tabelle ist die Entwicklung des durchschnittlichen Benzinverbrauchs der Autos in Deutschland im Verlauf der letzten 50 Jahre dargestellt:

Jahr	1960	1965	1970	1975	1980	1985
Verbrauch pro 100 km (in Liter)	8,1	8,7	9,6	9,9	10,1	9,9

Jahr	1990	1995	2000	2005	2010	2015
Verbrauch pro 100 km (in Liter)	9,4	9,0	8,3	7,8	7,5	7,2

   a) Um wie viel Prozent ist der jährliche Verbrauch des Jahres 1960 kleiner als der des Jahres 1980?

   b) Der Verbrauch des Jahres 2015 ist um genau 20 % kleiner als der des Jahres 1995. Kann man deswegen sagen, dass der Verbrauch in diesen 20 Jahren pro Jahr um 1 % abgenommen hat? Begründe deine Antwort.

   c) Erstelle eine eigene grafische Darstellung, die den Eindruck erweckt, als wäre der Benzinverbrauch immer gefallen.

① Ordne jedem Zahlenrätsel die passende Gleichung zu und bestimme die Lösung.

Die Differenz aus 3 und dem 3. Teil einer Zahl a ist 8. ④

$\frac{3a}{8} = \frac{1}{2}a$ (C)

$3 - \frac{1}{3}a = 8$ (B)

Die Summe aus einer Zahl a und dem Dreifachen dieser Zahl a ergibt 8. ①

$8 : 3a = 0{,}5a$ (D)

Multipliziere das Dreifache einer Zahl a mit 8, so erhältst du 3. ③

$a + 3a = 8$ (E)

Der Quotient aus dem Dreifachen einer Zahl a und 8 ist gleich der Hälfte von a. ②

$3a \cdot 8 = 3$ (A)

② Mit Termen lassen sich auch geometrische Sachverhalte beschreiben.
Skizziere das vierte Muster und schreibe einen Term auf, mit dem sich die Anzahl der Hölzer im n-ten Muster berechnen lässt.

a)

Nummer	n = 1	n = 2	n = 3
Muster		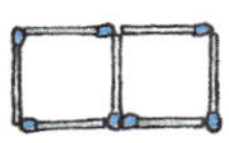	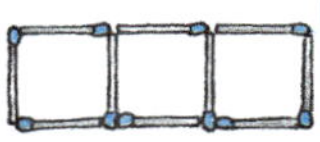
Hölzer	$4 = 1 + 3$	$7 = 1 + 2 \cdot 3$	$10 = 1 + 3 \cdot 3$

b)

Nummer	n = 1	n = 2	n = 3
Muster		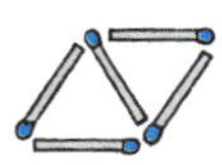	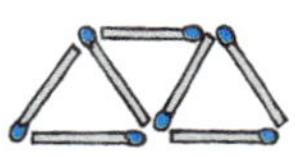
Hölzer	3	$5 = 3 + 2$	$7 = 3 + 2 \cdot 2$

③ a) Schreibe für das Zahlenrätsel eine Gleichung auf und löse sie: „Subtrahiere von der Hälfte einer Zahl ein Drittel der Zahl, dann erhältst du 4."
b) Erfinde ein Zahlenrätsel zur Gleichung $7x - 48 = 2x$. Löse auch die Gleichung.

④ Subtrahiert man vom dreifachen Alter der Frau Krause 5 Jahre, so erhält man dieselbe Zahl, wie wenn man in 15 Jahren Frau Krauses Alter verdoppelt. Stelle eine Gleichung auf und berechne das heutige Alter von Frau Krause.

18 Zahlenrätsel (von S. 49)

(1) Subtrahiere vom Dreifachen einer Zahl 8, dann erhältst du 5 mehr als die Zahl.
(2) Verdreifachst du die Differenz aus einer Zahl und 8, so erhältst du 5 weniger als die Zahl.
(3) Subtrahiert man 8 von einer Zahl, so erhält man das Dreifache der Summe aus 5 und der Zahl.

a) Welches Zahlenrätsel gehört zu der Gleichung $x - 8 = 3(5 + x)$?
b) Löse die Gleichung $x - 8 = 3(5 + x)$
c) Schreibe auch zu den anderen Zahlenrätseln eine passende Gleichung auf.

http://nale.fi/wdzh

Zu a)
Um zu überprüfen, welches Zahlenrätsel zu der Gleichung $x - 8 = 3(5 + x)$ gehört, „übersetzen" wir die Terme rechts und links vom Gleichheitszeichen.
„$x - 8$" heißt „die Differenz aus einer Zahl und 8" oder „Subtrahiere 8 von einer Zahl";
„$3(5 + x)$" heißt „das 3-Fache der Summe aus 5 und einer Zahl" oder „Verdreifache die Summe aus 5 und einer Zahl".
Diese Formulierung findet man nur bei **Zahlenrätsel (3)**.

Zu b)
Die Lösung der Gleichung erhält man so:

$x - 8 = 3(5 + x)$	| Klammer ausmultiplizieren
$x - 8 = 15 + 3x$	| $+8$
$x = 23 + 3x$	| $-3x$
$-2x = 23$	| $:(-2)$
$x = -11{,}5$	

Die gesuchte Zahl lautet **−11,5.**

Zu c)
Zahlenrätsel (1):
„Subtrahiere vom Dreifachen einer Zahl 8" heißt in der mathematischen Sprache: „$3x - 8$".
„5 mehr als die Zahl" heißt „$x + 5$".
„Erhältst du" steht für das Gleichheitszeichen.
Zum **Zahlenrätsel (1)** lautet die passende Gleichung also: $\mathbf{3x - 8 = x + 5}$
Zahlenrätsel (2):
„Verdreifache die Differenz aus einer Zahl und 8" heißt in mathematischer Sprache:
„$3 \cdot (x - 8)$".
„5 weniger als die Zahl" heißt „$x - 5$".
„Erhält man" steht für das Gleichheitszeichen.
Zum **Zahlenrätsel (2)** lautet die passende Gleichung also: $\mathbf{3(x - 8) = x - 5}$

http://nale.fi/nwad

⑲ Smartphone-Nutzung (von S. 49)

Die Schülerinnen und Schüler aller 10. Klassen einer Schule wurden befragt, wie oft sie ihr Smartphone am Tag vor der Befragung zum Telefonieren, Simsen oder Surfen ungefähr benutzt haben. Das Ergebnis wurde in einem Boxplot dargestellt.

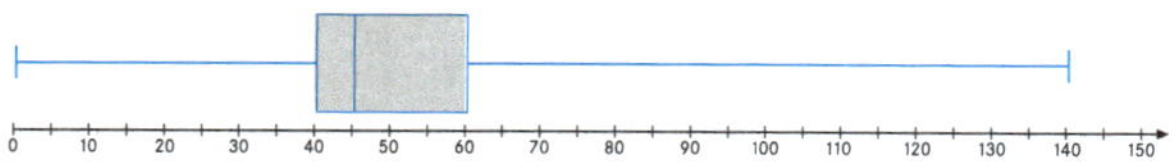

a) Entnimm dem Boxplot folgende Werte: Spannweite, Median (Zentralwert), unteres Quartil, oberes Quartil
b) Felix behauptet: „Die meisten Schüler haben mehr als 60-mal mit dem Smartphone telefoniert, gesimst oder gesurft.“ Nimm Stellung.

Zu a)

Spannweite: 140 – 0 = **140**
(größter Wert – kleinster Wert)

Median (Zentralwert): 45
(mittlerer Wert aller Werte)

unteres Quartil: 40
(mittlerer Wert der unteren Hälfte)

oberes Quartil: 60
(mittlerer Wert der oberen Hälfte)

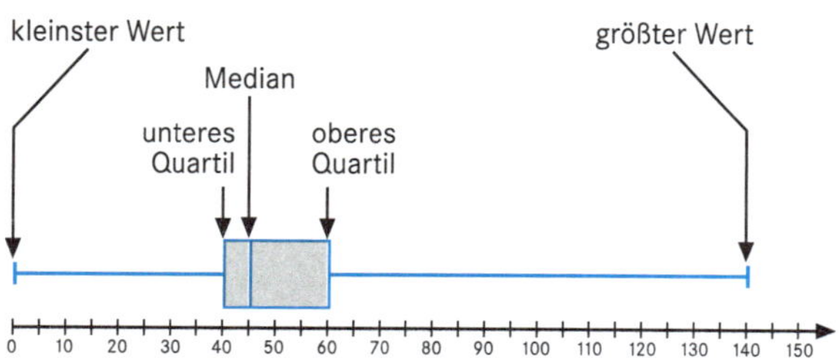

Zu b)
Die Aussage ist falsch. Lediglich ein Viertel aller befragten Schülerinnen und Schüler hat mehr als 60-mal telefoniert, gesimst oder gesurft.
Der Boxplot verdeutlicht die Streuung der gegebenen Werte.
Die Streuung ist im oberen Viertel am größten. Durch die Länge der Strecke zwischen oberem Quartil und größtem Wert hat sich Felix täuschen lassen.

① Gehe davon aus, dass in den 10. Klassen (Aufgabe ⑲, links abgebildet) 79 Schülerinnen und Schüler an der Befragung teilgenommen haben und dass nur Vielfache von 5 bei den Antworten genannt wurden.

a) Wie viele Antworten liegen unter 40, zwischen 45 und 60 sowie über 60?
Hinweis: Jeweils genau eine Antwort gab es für 40, 45 und 60.

b) Stelle in einer Tabelle ein mögliches Befragungsergebnis zusammen, das zum abgebildeten Boxplot passt.

② Notenspiegel einer Klassenarbeit:

Note	1	2	3	4	5	6
Anzahl	3	8	6	4	3	1

Stelle das Ergebnis in einem Boxplot dar.

③ Die Klasse 10a einer Schule hat eine Klassenarbeit mit folgenden Ergebnissen geschrieben:

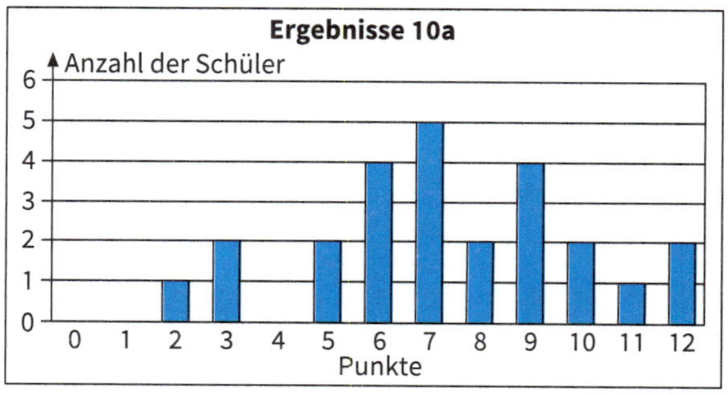

a) Gib an, welcher der abgebildeten Boxplots zur 10a gehört und begründe deine Entscheidung mithilfe geeigneter Kennwerte.

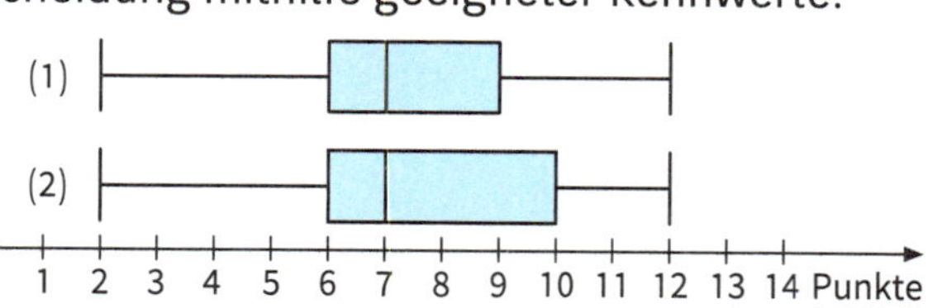

b) Der in Teilaufgabe a) nicht gewählte Boxplot zeigt die Verteilung der Ergebnisse der Klasse 10b (29 Schülerinnen und Schüler). Hier die Tabelle (obere Zeile: Punkte; untere Zeile: Anzahl der Schüler):

2	3	4	5	6	7	8	9	10	11	12
1	2	2	1	4	5	3			1	3

Gib eine mögliche Lösung für die leeren Felder an und begründe deine Lösung.

(1) Wie viel Quadratkilometer ist Frankreich ungefähr groß?
Vergleiche dein Ergebnis mit Angaben aus dem Lexikon oder dem Internet.
Beachte: Zu Frankreich gehört auch die Mittelmeerinsel Korsika, die rechts abgebildet ist. Ihre Größe musst du beim Vergleich mit der offiziellen Größe Frankreichs berücksichtigen.

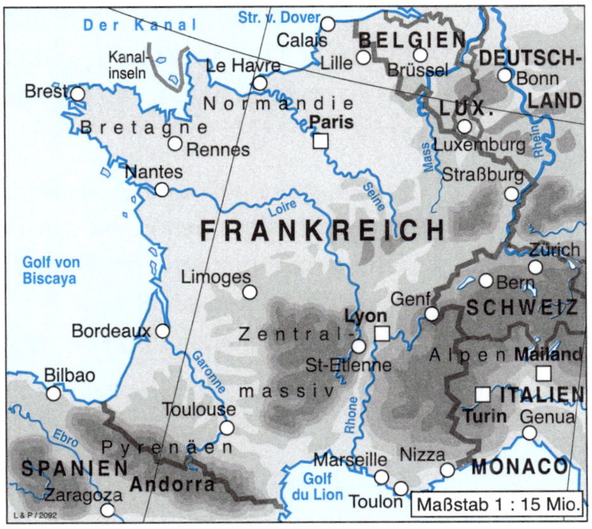

(2) Weihnachten 2016 tobte der Sturm „Barbara“ und hinterließ an der Sylter Südküste erhebliche Schäden. Bestimme näherungsweise die Größe der blau umrandeten beschädigten Fläche.

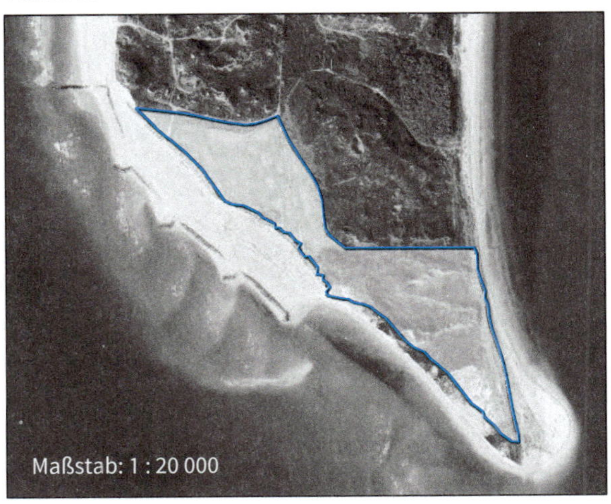

Luftbild vom 26. Dezember 2016:
Die Veränderungen, die Sturm „Barbara" bis zum 28. Dezember hinterließ, sind blau eingezeichnet.

(20) Fläche Niedersachsen (von S. 49)

Der Kartenausschnitt zeigt das Bundesland Niedersachsen. Bestimme näherungsweise die Größe der Fläche von Niedersachsen. Benutze den Maßstab der Karte. Begründe dein Vorgehen.

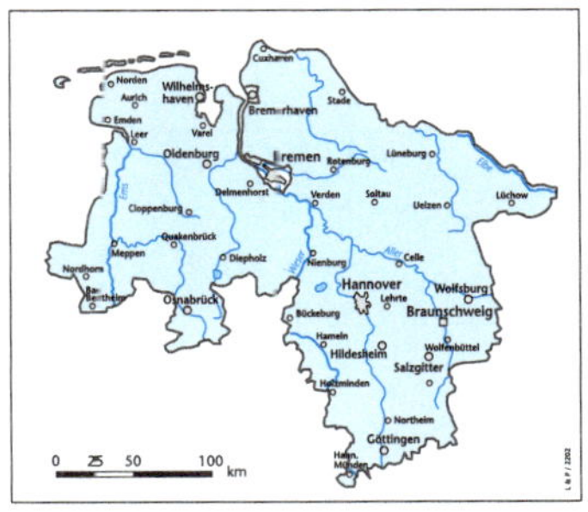

Man muss versuchen, die Fläche von Niedersachsen durch berechenbare Figuren (Vierecke, Dreiecke, ...) so abzudecken, dass sich „Gewinne“ und „Verluste“ ungefähr ausgleichen. Da gibt es sehr viele verschiedene Möglichkeiten; hier ist eine dargestellt. Die gemessenen „cm auf der Karte“ muss man mit 45 multiplizieren und hat dann die „km“ in Wirklichkeit.

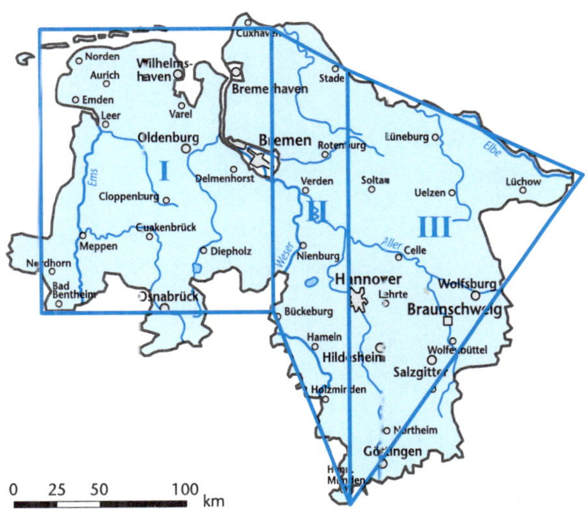

$A_I = 135\text{ km} \cdot 167\text{ km}$ (Rechteck)
$A_I \approx 22\,545\text{ km}^2$

$A_{II} = \frac{167\text{ km} + 252\text{ km}}{2} \cdot 45\text{ km}$ (Trapez)

$A_{II} \approx 9428\text{ km}^2$

$A_{III} = \frac{252\text{ km} \cdot 140\text{ km}}{2}$ (Dreieck)

$A_{III} = 17\,640\text{ km}^2$
$A = A_I + A_{II} + A_{III} \approx$ **$49\,600\text{ km}^2$**

Ein Blick auf offizielle Angaben zeigt, dass Niedersachsen rund $47\,600\text{ km}^2$ groß ist.

http://nale.fi/tgvs

21 Quadratische Gleichungen (von S. 50)

In der Abbildung siehst du, wie zwei Schüler die Gleichung $x^2 - 8x + 20 = 0$ gelöst haben.

a) Prüfe die Lösungswege. Welcher Weg stimmt, welcher Fehler wurde gemacht?

Marcel	Paul
$x^2 - 8x + 20 = 0$	$x^2 - 8x + 20 = 0$
$x_{1/2} = 4 \pm \sqrt{16 + 20}$	$x_{1/2} = 4 \pm \sqrt{16 - 20}$
$x_{1/2} = 4 \pm \sqrt{36}$	$x_{1/2} = 4 \pm \sqrt{-4}$
$x_1 = 4 + 6 = 10$	
$x_2 = 4 - 6 = -2$	keine Lösung

b) Löse folgende Gleichungen. Nicht immer brauchst du eine Lösungsformel.

(1) $(x + 7) \cdot (x - 7) = 0$ (2) $x^2 + 8x + 16 = 0$

(3) $x^2 - 5x = 0$ (4) $4x^2 + 96x - 100 = 0$

Zu a)

Marcels Lösung ist falsch. Der Fehler geschah beim Einsetzen von $q = 20$ in die Formel:

$$x_{1/2} = -\frac{p}{2} \pm \sqrt{\left(\frac{p}{2}\right)^2 - q} = +4 \pm \sqrt{16 - 20} = 4 \pm \sqrt{-4}$$

Pauls Lösung stimmt. Es gibt keine Lösung, da die Diskriminante negativ ist.

Zu b)

(1) $(x + 7) \cdot (x - 7) = 0$ Ein Produkt aus zwei Faktoren ergibt 0, wenn einer der Faktoren gleich 0 ist.
Deshalb: $x + 7 = 0$ oder $x - 7 = 0$.
$\mathbf{x_1 = -7;\ x_2 = 7}$

(2) Lösung mit der pq-Formel:
$x^2 + 8x + 16 = 0$ $p = 8$ $q = 16$
$x_{1/2} = -4 \pm \sqrt{16 - 16}$
$\mathbf{x = -4}$

Lösung mit der 1. binomischen Formel:
$x^2 + 8x + 16 = 0$
$(x + 4)^2 = 0$
$x + 4 = 0$
$x = -4$

(3) $x^2 - 5x = 0$ x ausklammern ergibt
$x \cdot (x - 5) = 0$ also entweder
$x = 0$ oder $x - 5 = 0$
$\mathbf{x_1 = 0;\ x_2 = 5}$

(4) $4x^2 + 96x - 100 = 0 \quad |:4$
$x^2 + 24x - 25 = 0$ $p = 24$ $q = -25$
$x_{1/2} = -12 \pm \sqrt{144 - (-25)}$
$x_{1/2} = -12 \pm \sqrt{169}$
$x_1 = -12 + 13 = \mathbf{1}$ $x_2 = -12 - 13 = \mathbf{-25}$

1 Löse die Gleichung.

a) $(2x - 14) \cdot (15 - 3x) = 0$

b) $4x^2 - 17 - 3x^2 - 8 = 0$

c) $7x^2 - 6x - 5 - 5x^2 + 18x + 5 = 0$

d) $3y^2 - 9y - 37 = 3y - 1$

e) $(5 + a)^2 + a^2 = 3a + 29$

2 Stelle eine Gleichung auf und löse sie.

a) Addiert man zum Quadrat einer Zahl das Dreifache dieser Zahl, so erhält man dasselbe, wie wenn man vom Elffachen der Zahl 7 subtrahiert.

b) Maik subtrahiert vom Doppelten einer Zahl 16. Fatima subtrahiert diese Zahl von 15. Anschließend multiplizieren Maik und Fatima ihre Ergebnisse und erhalten Null. Welche Zahl können Maik und Fatima gewählt haben?

3

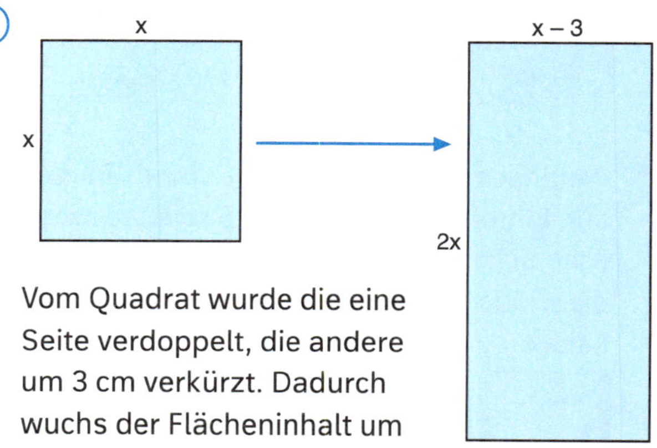

Vom Quadrat wurde die eine Seite verdoppelt, die andere um 3 cm verkürzt. Dadurch wuchs der Flächeninhalt um 55 cm².
Welche Kantenlänge hatte das Quadrat?

4 Ein 6 cm hoher Zylinder hat einen Oberflächeninhalt von 169,646 cm².

a) Wie groß ist der Radius des Zylinders?
Hinweis: 169,646 ... = 54π

b) Welches Volumen hat der Zylinder?

5 Der Oberflächeninhalt eines geraden Kreiskegels mit der Kantenlinie $s = 6$ cm beträgt 172,788 cm³.

a) Berechne den Radius der Grundfläche.

b) Berechne die Höhe des Kegels und anschließend das Volumen.

① In einem Gefäß sind 4 blaue und 7 rote Kugeln. Es werden nacheinander verdeckt zwei Kugeln gezogen, wobei die erste Kugel vor der zweiten Ziehung wieder zurückgelegt wird.

a) Zeichne ein Baumdiagramm und berechne die Wahrscheinlichkeiten für
(1) zwei blaue Kugeln;
(2) zwei Kugeln verschiedener Farbe;
(3) zwei Kugeln gleicher Farbe.

b) Wie ändern sich die Wahrscheinlichkeiten aus a), wenn die zuerst gezogene Kugel nicht zurückgelegt wird?

② Das Glücksrad hat abwechselnd weiße und blaue Felder gleicher Größe. Es wird zweimal nacheinander gedreht. Wie groß ist jeweils die Wahrscheinlichkeit für folgende Ereignisse?

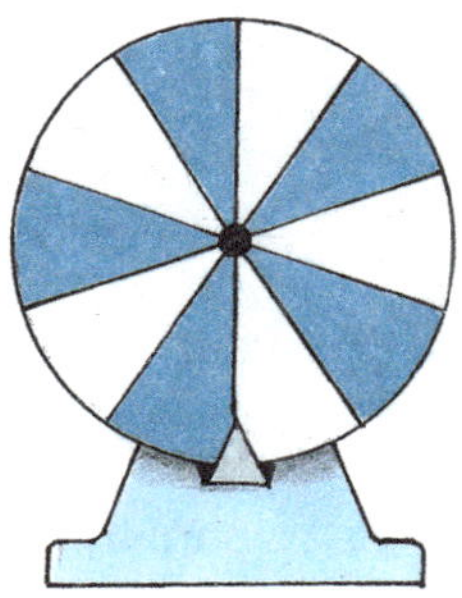

a) Es wird zweimal „blau“ erzielt.

b) Die letzte Drehung führt zu „blau“.

c) Keine Farbe tritt zweimal auf.

d) Die Farbe „weiß“ tritt höchstens einmal auf.

③ Die Klasse 10b hat für das Schulfest einen Stand mit einem Würfelspiel aufgebaut. Im Würfelbecher sind zwei Würfel, die gleichzeitig geworfen werden.
Einen Hauptpreis im Wert von 10 € gibt es bei der Augensumme 12; bei den Augensummen 11 und 10 gibt es einen kleineren Preis im Wert von 2 €. Der Einsatz pro Spiel beträgt 1 €.

Am Ende des Schulfestes hat die Klasse 10b 392 € bei dem Spiel verdient. Wie viele Glücksspiele wurden wahrscheinlich durchgeführt?
Eine Zahl stimmt; begründe deine Entscheidung.

457	893	1116	1431	1599

㉒ Glücksrad (von S. 50)

Auf einem Schulfest kann man am Stand der Klasse 10a für einen Einsatz von 1 € zweimal das abgebildete Glücksrad drehen. Bleibt es beide Male auf der gleichen Farbe stehen, gewinnt man, und zwar bei „blau“ einen Trostpreis im Wert von 0,30 € und bei „weiß“ einen Sachpreis von 8 €.

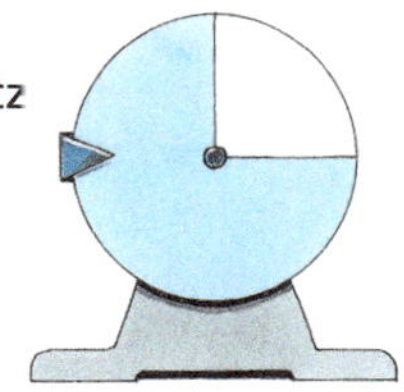

a) Zeichne ein Baumdiagramm und bestimme damit die Wahrscheinlichkeiten für die möglichen Gewinne (1) P(blau ; blau) und (2) P(weiß ; weiß).
b) Wie groß ist die Wahrscheinlichkeit, bei diesem Spiel zu verlieren?
c) Es werden 400 Spiele durchgeführt. Mit welchem Gewinn kann die Klasse rechnen?

http://nale.fi/qaxg

$\frac{1}{4}$ des Glücksrades ist weiß und $\frac{3}{4}$ sind blau gefärbt.

Mit einem Baumdiagramm und der Pfadregel kann man die Wahrscheinlichkeiten bei 2 Drehungen darstellen (b: blau, w: weiß).

Zu a)
Baumdiagramm (b: blau; w: weiß)

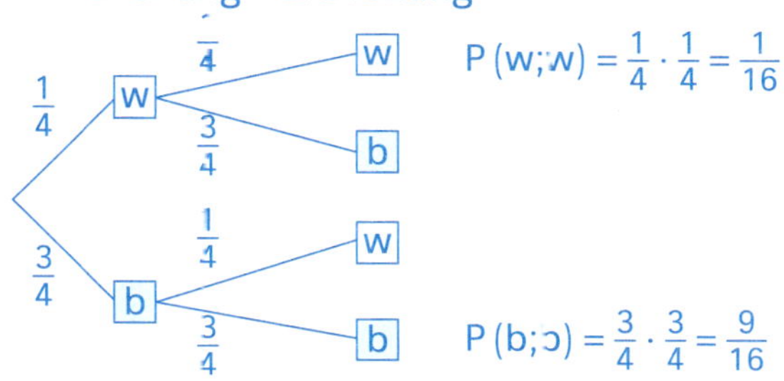

Zu b)
Subtrahiert man von 1 alle Gewinnwahrscheinlichkeiten, erhält man die Wahrscheinlichkeit für einen Verlust.

$P\,(\text{Verlust}) = 1 - \frac{9}{16} - \frac{1}{16} = \frac{6}{16} = \mathbf{\frac{3}{8}}$

Oder: $P(\text{Verlust}) = P\,(w;b) + P\,(b;w)$

$= \frac{1}{4} \cdot \frac{3}{4} + \frac{3}{4} \cdot \frac{1}{4} = \frac{3}{16} + \frac{3}{16} = \frac{6}{16} = \frac{3}{8}$

Zu c)
Bei 400 Spielen kann die Klasse mit ca. 25 Sachpreisen ($25 = 400 \cdot \frac{1}{16}$) und mit 225 Trostpreisen ($225 = 400 \cdot \frac{9}{16}$) rechnen. Diese kosten 200 € und 67,50 €, also insgesamt 267,50 €. Die Klasse hat **400 € Einnahmen** und kann mit einem **Gewinn von 132,50 €** (= 400 € – 267,50 €) rechnen.

http://nale.fi/ayrg

23 Angebote (von S. 50)

Frau Kurt kann für zwei Jahre einen Lottogewinn von 1 000 000,– € sparen. Drei Banken bieten ihr unterschiedliche Zinssätze an:

A 1. Jahr 1,2 %; 2. Jahr 1,7 %
B 1. Jahr 0,9 %; 2. Jahr 2,0 %
C 1. Jahr 1,4 %; 2. Jahr 1,5 %

a) Welche Bank kannst du empfehlen? Begründe.
b) Würdest du die gleiche Bank auch für jeden anderen Sparbetrag empfehlen? Begründe.

Zu a)

① Ein Lösungsweg besteht darin, für jede Bank die jährlichen Zinsen sowie das Kapital nach zwei Jahren zu ermitteln.

	Zinsen für das		
	1. Jahr	2. Jahr	Endkapital
A-Bank	12 000 €	17 204 €	1 029 204 €
B-Bank	9 000 €	20 180 €	1 029 180 €
C-Bank	14 000 €	15 210 €	**1 029 210 €**

Zu empfehlen ist also die **C-Bank.**

② Ein zweiter Lösungsweg betrachtet lediglich die auftretenden Faktoren, mit denen das Anfangskapital entsprechend der Zinsformel multipliziert wird:

A-Bank: $1{,}012 \cdot 1{,}017 = 1{,}029204$
B-Bank: $1{,}009 \cdot 1{,}020 = 1{,}029180$
C-Bank: $1{,}014 \cdot 1{,}015 = \mathbf{1{,}029210}$

Angebot C liefert den größten Faktor, also auch das größte Endkapital:
$1{,}02921 \cdot 1\,000\,000\ € = \mathbf{1\,029\,210\ €}$

Zu b)

Das Angebot der C-Bank ist auch bei jedem anderen Sparbetrag zu empfehlen. Wie die Überlegung unter ② zeigt, bewirkt der größere Faktor den Vorteil der C-Bank und dies unabhängig von der Höhe des Sparbetrages.

Die Summe der Zinssätze beträgt bei allen drei Banken 2,9 %, die Produkte der Zinssätze jedoch sind verschieden. Dieser Zusammenhang lässt sich auch geometrisch interpretieren.
Für alle Rechtecke mit derselben Summe von Länge und Breite gilt: Der Flächeninhalt ist umso größer, je geringer der Unterschied zwischen Länge und Breite ist.

① Berechne jeweils den fehlenden Wert mithilfe der Zinsformel
$Z = K \cdot p\,\% = K \cdot \frac{p}{100}$

	a)	b)	c)
Kapital (K)	1 800 €		3000 €
Zinssatz (p %)	0,5 %	1,8 %	
Zinsen (Z)		81 €	19,50 €

② Tom hat seine Ersparnisse für ein Jahr fest angelegt. Am Jahresende erhält er 20 € Zinsen. Wie viel Zinsen würde Tom nach einem Jahr erhalten,

a) wenn er doppelt so hohe Ersparnisse bei doppelt so hohem Zinssatz angelegt hätte?

b) wenn er doppelt so hohe Ersparnisse bei halb so großem Zinssatz angelegt hätte?

c) wenn er nur die Hälfte seiner Ersparnisse bei doppelt so hohem Zinssatz angelegt hätte?

③ Welche Person hat in zehn Jahren den höchsten Zinssatz für ihr Kapital erzielt?

	Anfangskapital	Endkapital
☐ Anja	2 400 €	2 925,59 €
☐ Boris	1 800 €	2 281,77 €
☐ Pia	300 €	348,16 €
☐ Luca	600 €	798,83 €

④ Die Hausverwaltung bietet Frau Winter zwei Formen des Staffelmietvertrags an:

Angebot A: 3,5 % Mieterhöhung im 1. Jahr, 4,5 % im 2. Jahr

Angebot B: 4,5 % Mieterhöhung im 1. Jahr, 3,5 % im 2. Jahr

a) Auf den ersten Blick erscheinen ihr beide Angebote gleich gut. Stimmt das? Begründe.

b) Mit welcher gleich bleibenden prozentualen Mieterhöhung könnte die Hausverwaltung nach zwei Jahren dieselbe Miete erzielen?

① Die Heini-Klopfer-Skiflugschanze in Oberstdorf gilt als eine der größten Skiflugschanzen der Welt. Sie wird im Volksmund auch „Schiefer Turm von Oberstdorf" genannt.
Welchen Höhenunterschied hat die Anlaufbahn und wie lang ist diese?

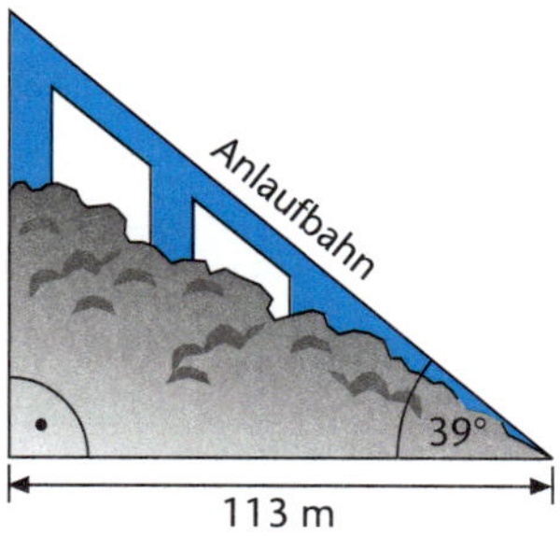

② Abgebildet ist ein Segelschiff, das von zwei Leuchttürmen angepeilt wird. Wie weit ist es von den beiden Leuchttürmen jeweils entfernt?

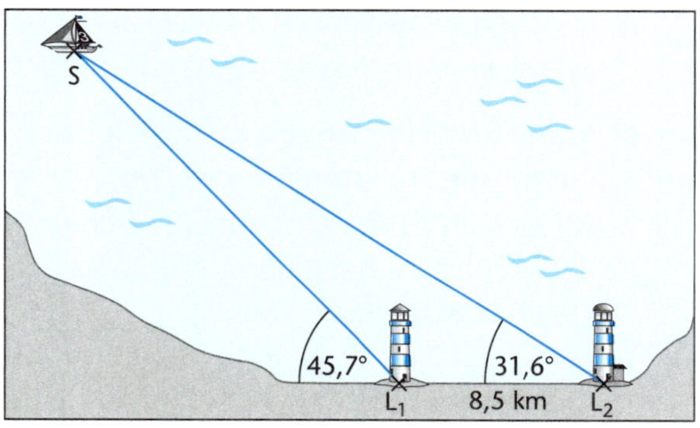

③ Im Maßstab 1:5000 sieht man eine Passstraße von oben. Sie beginnt an Punkt A und erreicht an Punkt B die Passhöhe. Punkt A befindet sich auf einer Höhe von 620 m, die durchschnittliche Steigung beträgt 14 %. Wie hoch liegt Punkt B und wie weit fährt man von A bis B?

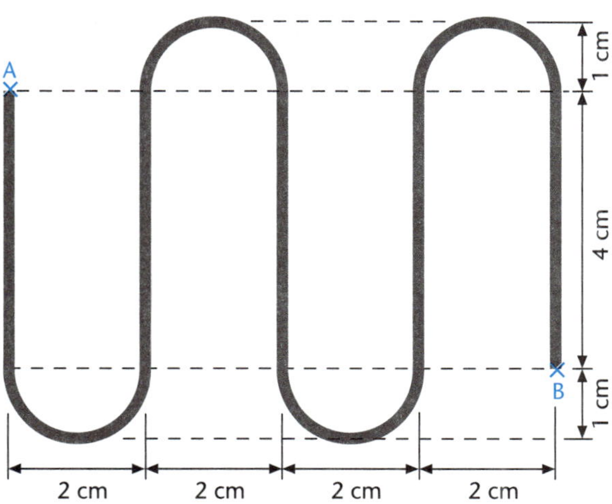

㉔ Brückenkonstruktion (von S. 51)

Über den Fluss soll eine Brücke führen, die in A beginnt und B endet. Vermesser haben am unteren Flussufer eine 400 m lange Strecke $\overline{AC}$ abgesteckt und von dort folgende Winkel vermessen:
∡ BAC = 67,8° und ∡ ACB = 49,3°
Bestimme die Länge der Brücke durch eine maßstäbliche Zeichnung und durch Berechnung auf einem extra Blatt.

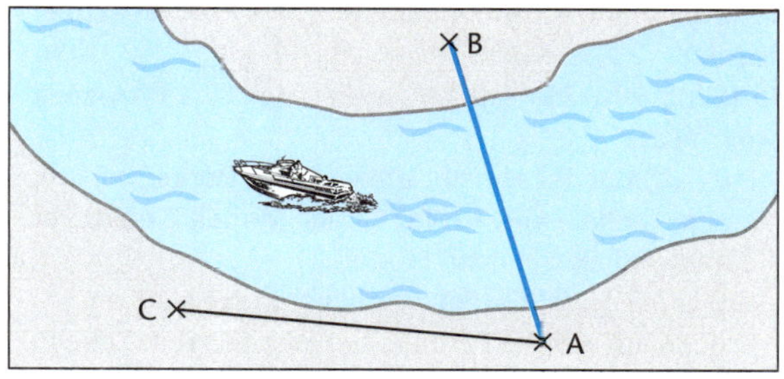

http://nale.fi/xkpg

① *Zeichnerische Lösung*
Maßstab 1 : 10000
(1 cm ≙ 100 m).
Messung: x = 3,4 cm
In Wirklichkeit:
$\overline{AB}$ = 3,4 cm · 10000
$\overline{AB}$ = 340 m

② *Rechnerische Lösung*
$\alpha = ∢BAC = 67{,}8°$
$\gamma = ∢ACB = 49{,}3°$
$\beta = 180° - \alpha - \gamma = 62{,}9°$

Das Dreieck wird durch die Höhe h in zwei rechtwinklige Dreiecke zerlegt.

$\sin\gamma = \frac{h}{400\text{ m}}$

$h = 400\text{ m} \cdot \sin 49{,}3° \approx 303{,}25\text{ m}$

$\sin\beta = \frac{h}{x} = \frac{303{,}25\text{ m}}{x}$

$x = \frac{303{,}25\text{ m}}{\sin 62{,}9°} \approx 340{,}65\text{ m}$

Die Brücke muss rund **341 m** lang werden.

Falls der Sinussatz behandelt wurde, gibt es noch einen kürzeren Weg:

$\frac{x}{\sin 49{,}3°} = \frac{400\text{ m}}{\sin 62{,}9°}$

$x = \frac{400\text{ m} \cdot \sin 49{,}3°}{\sin 62{,}9°}$

$x \approx 340{,}65$ m

http://nale.fi/hhyk

25 Verdienst (von S. 51)

Herr Berger arbeitet als Verkäufer. Er kann sich in seiner Firma entscheiden, wie sein Verdienst berechnet wird:

	A	B	C	D
1	Umsatz (in €)	4 % Provision (in €)	Verdienst Modell 1 (in €)	Verdienst Modell 2 (in €)
2	0	0	2500	0
3	10000	400	2900	1000
4	20000	800	3300	2000
5	50000	2000	4500	5000
6	100000	4000	6500	10000
7				

Modell 1: 2 500 € Grundgehalt plus 4 % Provision vom Umsatz;
Modell 2: kein Grundgehalt, aber dafür 10 % Provision vom Umsatz.

a) Lies aus der Tabelle ab, wie viel Herr Berger bei einem Umsatz von 20 000 € nach Modell 1 mehr verdienen würde als nach Modell 2?

b) Gib eine Formel für den Verdienst in Zelle D3 an.

c) Kreuze an, welche Formeln den Verdienst in Zelle C3 liefern.
☐ =B3+2500 ☐ =A3+B3
☐ =A3*4/100 ☐ =A3*0,04+2500

d) Bei welchem Umsatz ist der Verdienst bei beiden Modellen gleich?

Zu a)
Man kann in Zeile 4 ablesen, dass er bei einem Umsatz von 20 000 € nach Modell 2 2 000 € verdienen würde und nach Modell 1 3 300 €, also **1 300 € mehr.**

Zu b)
Der zugehörige Umsatz steht in Zelle A3. 10 % vom Umsatz sind dann **=A3*10/100** oder **=A3*0,1**.

Zu c)
Richtig sind:
☒ **=B3+2500** (Provision + Grundgehalt) und
☒ **=A3*0,04+2500** (mit A3*0,04 als Provision)

Bei der Formel =A3*4/100 wird nur die Provision berechnet, ohne das Grundgehalt.
In der Formel =A3+B3 werden der Umsatz und die Provision addiert.

Zu d)

$$2500\text{ €} + \frac{4}{100} \cdot \text{Umsatz} = \frac{10}{100} \cdot \text{Umsatz}$$

$$2500\text{ €} = \frac{6}{100} \cdot \text{Umsatz}$$

$$250\,000\text{ €} = 6 \cdot \text{Umsatz}$$

$$\text{Umsatz} \approx 41\,667\text{ €}$$

Bei einem Umsatz von 41 667 € verdient man mit beiden Modellen gleich viel.

1 Tim möchte für seinen Umzug einen Transporter mieten. Er vergleicht zwei Angebote.
Angebot A: 0,42 €/Kilometer + 38 € Pauschale
Angebot B: 0,32 €/Kilometer + 66 € Pauschale

	A	B	C
1	Strecke in km	Angebot A	Angebot B
2	50	59,00 €	82,00 €
3	100	80,00 €	98,00 €
4	150	101,00 €	114,00 €
5	200	122,00 €	130,00 €
6	250	143,00 €	146,00 €
7	300	164,00 €	162,00 €
8	350	185,00 €	178,00 €
9	400	206,00 €	194,00 €
10			

a) Welche Formeln liefern das korrekte Ergebnis in Zelle B7?
☐ =A7*0,42 ☐ =A7*0,42+38 ☐ =B3+B5

b) Lies in der Tabelle ab, für wie viele km die Angebote etwa gleich sind. Begründe.

c) Stelle für beide Angebote die Gleichungen auf für die Funktion *Strecke (km)* → *Kosten (€)* und ermittle rechnerisch, für welche Kilometerzahl bei beiden Angeboten die gleichen Kosten anfallen.

2 Tanja untersucht mit einer Tabellenkalkulation die Veränderung des Würfelvolumens beim Anwachsen der Kantenlänge.

	A	B	C	D	E	F	G
1	Kantenlänge a	2	3	4	5	6	7
2	Volumen V	8	27				

a) Durch welche Eingabe berechnet das Programm den Wert in Zelle D2?

b) Welche Zellen würdest du vergleichen, um die folgende Frage zu beantworten: Wie verändert sich das Würfelvolumen, wenn sich die Kantenlänge verdoppelt?

3 Wie entwickelt sich der Preis von 80 € für ein Paar Schuhe, wenn er abwechselnd um 20 % herauf und um 20 % herabgesetzt wird?

	A	B
1	q	80
2	1,2	
3	0,8	
4	1,2	
5	0,8	
6	1,2	
7	0,8	

a) Die Zahl in Zelle B2 wird mit der Formel =B1*A2 gerechnet. Erkläre.

b) Erkläre die Zahl in A3.

c) Welche Formel steht in Zelle B5? Welche in Zelle B6?

① Im Jahr 1834 bekam Frankreich vom Ägyptischen Vizekönig den abgebildeten Obelisken aus Granit geschenkt. Der Obelisk wurde auf einen Sockel gestellt und mit einer 3,6 m hohen goldenen Spitze versehen.

a) Wie hoch ist der Obelisk ungefähr?

b) Durch welche geometrische Form kann das Volumen des Obelisken ungefähr bestimmt werden?

c) Berechne die ungefähre Masse des Obelisken (Dichte Granit: 2,8 Tonnen pro m^3).

② Im Fan-Shop des Fußballvereins Borussia Dortmund hängt ein Riesen-Trikot.

Wie groß müsste ein Fußballspieler sein, damit ihm dieses Trikot passt?

③

㉖ Riesentasse (von S. 51)

http://nale.fi/kqne

In Koblenz steht vor einem Café die rechts abgebildete Riesentasse.

a) Schätze folgende Größen:
Tassenhöhe; oberer/unterer Tassendurchmesser

b) Jenny hat die folgenden drei Körper gezeichnet, um das Volumen der Riesentasse damit abzuschätzen. Welcher der drei Körper wird das beste Ergebnis liefern? Kreuze an und begründe deine Antwort.

☐ ☐ ☐

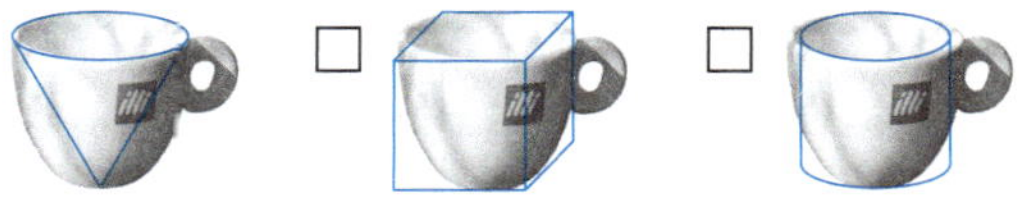

c) Wie teuer wäre ein Cappuccino in dieser Riesentasse, wenn 0,2 l Cappuccino in diesem Café 2,80 € kosten?

Die folgenden Maßangaben beziehen sich auf das Foto vorn im Text. Dabei wird die Tasse mit der vermutlich 1,65 m großen Frau verglichen.

Zu a)
Tassenhöhe: ca. 55 cm
Oberer/unterer Tassendurchmesser:
55 cm/25 cm

Zu b)
Wenn Jenny das Volumen der Riesentasse mit dem Zylinder berechnet, wird das Ergebnis am genauesten das tatsächliche Volumen der Riesentasse beschreiben. Der Zylinder ist oben zwar etwas zu klein, dafür unten aber etwas zu breit. Der Kegel wird einen zu kleinen Wert und der Würfel einen zu großen Wert liefern.

Zu c)
Benutzt man den Zylinder aus Aufgabenteil b), so ergibt sich mit einer Höhe von 55 cm und einem Radius von 20 cm folgendes Volumen:
$V = \pi \cdot r^2 \cdot h = \pi \cdot (20\ \text{cm})^2 \cdot 55\ \text{cm} \approx 69\,115\ \text{cm}^3$
Das entspricht 69,1 l, sodass sich für den Preis des Riesencappuccinos ergibt:

$\text{Preis} = \frac{69{,}1\ l}{0{,}2\ l} \cdot 2{,}80\ € = \mathbf{967{,}40\ €}$

Ein Riesencappuccino würde ungefähr 1000 € kosten.

③ Wie viele Vögel sind auf dem Foto links ungefähr abgebildet?

Teil B Komplexe Aufgaben

Abschlusstest

Im Abschlusstest zu den komplexen Aufgaben kannst du zeigen, wie viel du im Vergleich zum Eingangstest dazugelernt hast. Die Lösungen zu diesen Aufgaben findest du im Lösungsheft.

1 Neue Preise

a) Vor einem Monat kostete ein BMX-Fahrrad, für das Anna sich interessiert, noch 639 €. Inzwischen ist es 15 % teurer geworden.

Wie hoch ist der neue Preis gerundet auf Euro? Neuer Preis: ____________

b) Der Preis für einen Sturzhelm wurde von 59 € auf 49 € gesenkt. Berechne die Preisänderung in Prozent. Runde auf ganze Prozent. Preissenkung: ____________

c) Eine orange Sicherheitsweste kostet nach einer Preissenkung um 5 % jetzt 14,80 €. Wie teuer war sie vor der Preissenkung? Runde auf eine Stelle nach dem Komma. Alter Preis: ____________

2 Autofarben

Ein Autohändler führt Statistik darüber, welche Fahrzeugfarben von den Käufern bevorzugt werden. Am beliebtesten sind silbergrau und schwarz (s. Tabelle). Im letzten Jahr verkaufte der Autohändler 228 Autos.

Farbe	Anzahl	Anteil	
		als Bruch	in %
silbergrau	76		
schwarz	57		
Sonstige			

a) Rechne und ergänze die Häufigkeitstabelle. Gib die Anteile als vollständig gekürzten Bruch und in Prozent an.

b) Der Autohändler will in diesem Jahr 300 Autos verkaufen. Mit wie vielen schwarzen Autos kann er dann rechnen?

____

c) Angenommen, die Farbe silbergrau wird mit einer Wahrscheinlichkeit von $\frac{1}{3}$ und die Farbe schwarz mit einer Wahrscheinlichkeit von $\frac{1}{4}$ gewählt. Wie groß ist dann die Wahrscheinlichkeit, dass bei zwei verkauften Autos
(1) beide Autos silbergrau sind,
(2) ein Auto silbergrau und das andere schwarz ist?
Vervollständige und beschrifte zunächst das Baumdiagramm

____

____

____

____

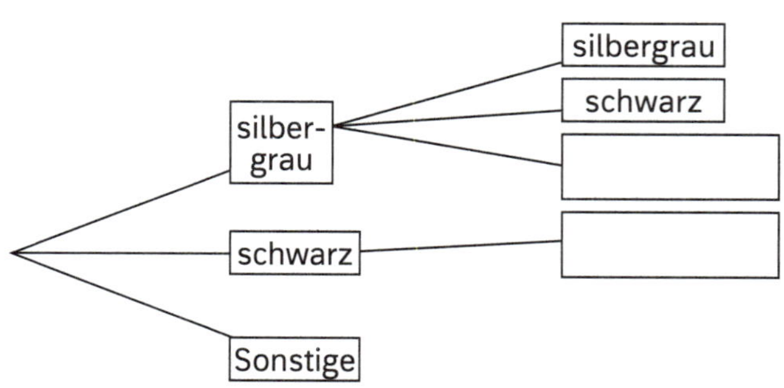

3 Busfahrt

Das Reiseunternehmen „Grenzenlos" bietet Busfahrten nach Paris an. Die Abbildung zeigt die Tankfüllung des Reisebusses während der Fahrt von Köln nach Paris.

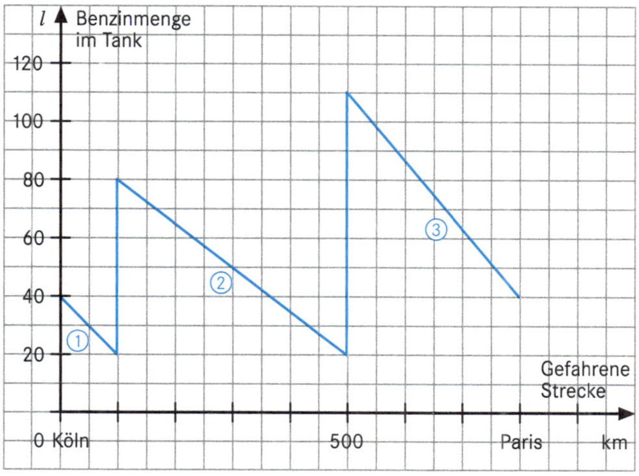

a) Wie oft wurde angehalten, um zu tanken?

____

b) Wie groß ist die Entfernung von Köln nach Paris ungefähr? ___________________

c) Auf welcher Teilstrecke ①, ② oder ③ war der Benzinverbrauch pro 100 km am größten?

____

d) Wie viel Liter Benzin verbrauchte der Bus auf der gesamten Fahrt? ___________________

4 Behälter mit Kugeln

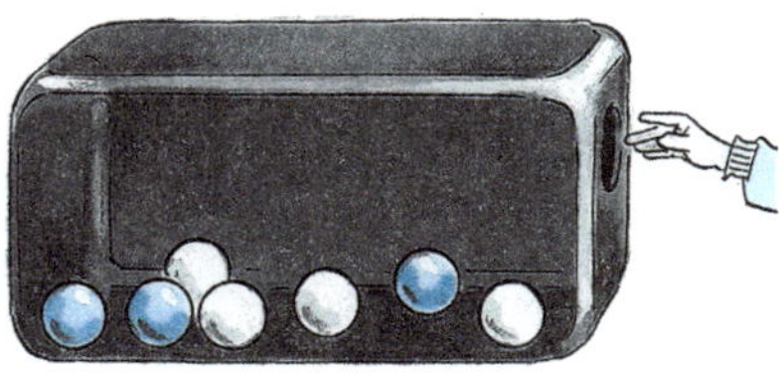

In einem Behälter sind 3 blaue und 4 weiße Kugeln. Marc schlägt Björn folgendes Spiel vor:

„Du darfst verdeckt nacheinander zwei Kugeln ziehen, ohne die zuerst gezogene Kugel in den Behälter zurückzulegen. Du gewinnst, wenn die beiden Kugeln die gleiche Farbe haben, sonst gewinne ich."

Zeichne ein Baumdiagramm und berechne die Gewinnchancen.

Baumdiagramm:

Gewinnchance für Marc: ___________________

Gewinnchance für Björn: ___________________

5 Lotterie

Die 2000 Lose einer Lotterie setzen sich so zusammen:

- 80 % Nieten
- 15 Hauptgewinne von je 50,00 €
- 4 % Preise von je 6,00 €
- Rest Trostpreise von je 0,50 €

Ein Los kostet 1,00 €.

a) Hat der Losverkäufer recht? Begründe.

____

____

b) Es wurden alle Lose verkauft. Berechne den Gewinn der Lotterie.

____

6 Flugzeug

Nach 26,3 km Flug befindet sich das Flugzeug über Alsburg.

a) In welcher Höhe überfliegt es Alsburg?

b) Berechne den Steigungswinkel und gib die Steigung in Prozent an.

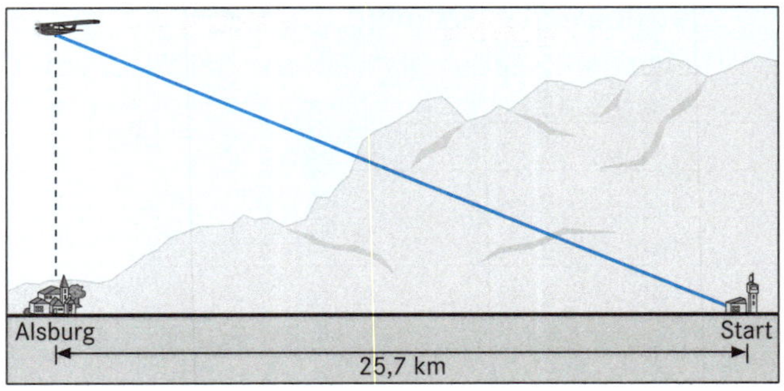

7 CD

a) Wie groß ist der Datenbereich, also die beschreibbare Fläche einer CD?

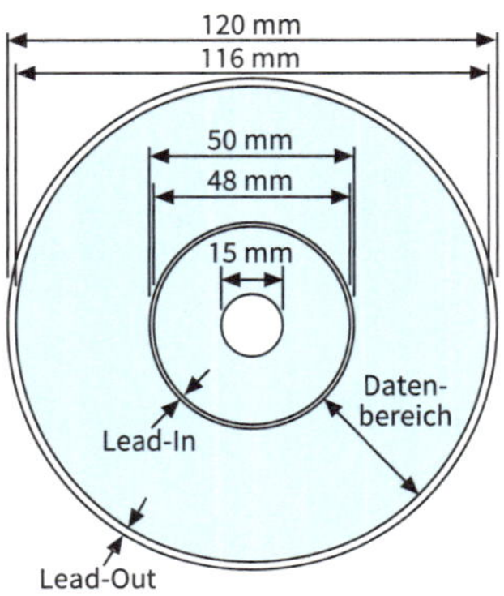

b) Eine CD wird von innen nach außen beschrieben. Diesen beschriebenen Anteil kann man sehen. Wie weit muss die CD beschrieben sein, damit der Datenbereich zur Hälfte gefüllt ist? (Wann ist die CD „halb voll"?)

8 Reisepreis

Ein Reiseveranstalter verlangt bei der Buchung einer Reise sofort eine Anzahlung von 20 % des Reisepreises und vier Wochen vor Abfahrt den Restbetrag.

a) Ergänze in Zeile 4 der Tabelle die Werte für die Anzahlung und den Restbetrag.

	A	B	C
1	**Reisepreis (in €)**	**20 % Anzahlung (in €)**	**Restbetrag (in €)**
2	500,00	100,00	400,00
3	750,00	150,00	600,00
4	998,00		
5	1437,00	287,40	1149,60
6			

b) Gib für die Zellen B4 und C4 Formeln an, mit denen diese Werte berechnet werden können.

B4: ____________________ C4: ____________________

9 Ferienplanung

Ferienwohnung Sonne
70 € pro Nacht • pauschale Nebenkosten (Strom und Endreinigung: 40 € pro Person

Ferienwohnung Alpenblick
Endreinigung EUR 50,00 pro Aufenthalt, keine weiteren Nebenkosten
EUR 80 pro Nacht

Ferienappartement Höhenluft
90 € pro Nacht · Keine weiteren Nebenkosten

Die vierköpfige Familie Dogan sucht eine Ferienwohnung in Österreich. Die drei abgebildeten Angebote kommen in die engere Wahl.

a) Beschreibe den Preis y des Angebots „Ferienwohnung Sonne" durch eine Funktionsgleichung (x – Anzahl Nächte).

y = ____________________

b) Stelle die Zuordnungen der drei Angebote im Koordinatensystem dar.

c) Familie Dogan will genau zwei Wochen bleiben. Schlage mithilfe der Grafik vor, für welches Angebot sich die Familie entscheiden sollte.

____

____

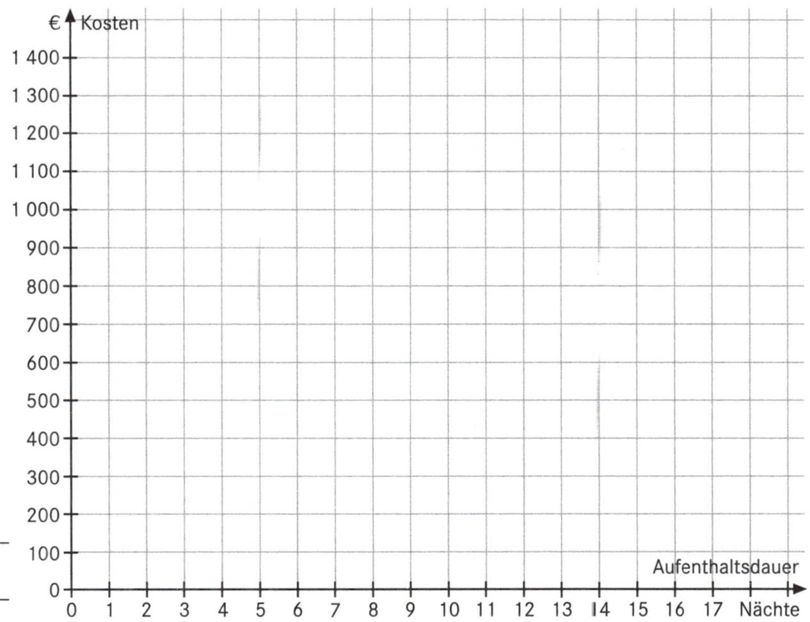

10 Sonnenfinsternis

Am 19. März 2015 berichtete ein Internetdienst:

Stromnetz vor Härtetest
Während der morgigen Sonnenfinsternis werden die Solaranlagen in Deutschland (Gesamtleistung: ca. 18 Gigawatt) maximal 6 Gigawatt liefern. Das sind gerade mal 3 % der normalen Leistung!

Die nebenstehende Meldung ist fehlerhaft. Begründe.

____

____

____

11 Verein

Rechts abgebildet siehst du eine Umfrage unter 325 Jugendlichen, die in ihrer Freizeit Fußball spielen.

	spielen in ihrer Freizeit Fußball	davon im Verein
Mädchen	75	15
Jungen	250	35

a) Wie viel Prozent der befragten Jugendlichen sind auch Mitglied im Fußballverein?

____

b) Helena meint dazu: „Von allen Befragten, die in einem Verein Fußball spielen, sind nur 30 % Mädchen." Stimmt das? Begründe deine Antwort.

____

c) Justus ergänzt: „Wenn Jungen in ihrer Freizeit Fußball spielen, dann sind sie auch deutlich häufiger im Verein als Mädchen, die in ihrer Freizeit Fußball spielen." Hat Justus recht? Begründe.

____

12 Zahlenrätsel

a) Finde zu den Zahlenrätseln eine passende Gleichung und löse sie.

(1)	(2)	(3)
(1) Verdoppelst du die Summe aus dem Fünffachen einer Zahl und 7, so erhältst du das um 53 vermehrte Produkt aus dieser Zahl und −3.	(2) Subtrahierst du von einer Zahl −8, so erhältst du das Fünffache dieser Zahl vermehrt um 64.	(3) Max verringert das Vierfache einer Zahl um 17, Moritz verdreifacht die Differenz zwischen dieser Zahl und 2. Beide erhalten das gleiche Ergebnis.
(A) $2(5x + 7) = -3x + 53$	(D) $x - 8 = 5x + 64$	(G) $4x - 17 = 3x - 2$
(B) $2 \cdot 5x + 7 = -3x + 53$	(E) $x : 8 = 5x + 64$	(H) $4x - 17 = 3(x - 2)$
(C) $2(5x + 7) = -3x \cdot 53$	(F) $x - (-8) = 5x + 64$	(I) $4(x - 17) = 3(x - 2)$

(1) ____________ (2) ____________ (3) ____________

13 Haus mit Pultdach

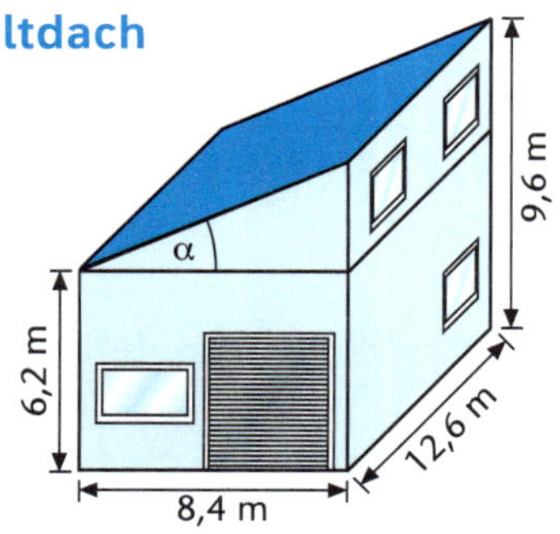

a) Berechne den umbauten Raum des Hauses.

____

b) Wie groß ist der Flächeninhalt der Seitenflächen?

____

c) Berechne den Neigungswinkel α des Daches.

14 Taschengeld

Eine Gruppe von Jugendlichen wurde nach der Höhe ihres monatlichen Taschengeldes befragt. Das Ergebnis wurde in einem Boxplot dargestellt. Formuliere einige Aussagen, die du am Boxplot ablesen kannst. Benutze dabei auch die Begriffe *Spannweite, Median, unteres Quartil, oberes Quartil* und *Streuung.*

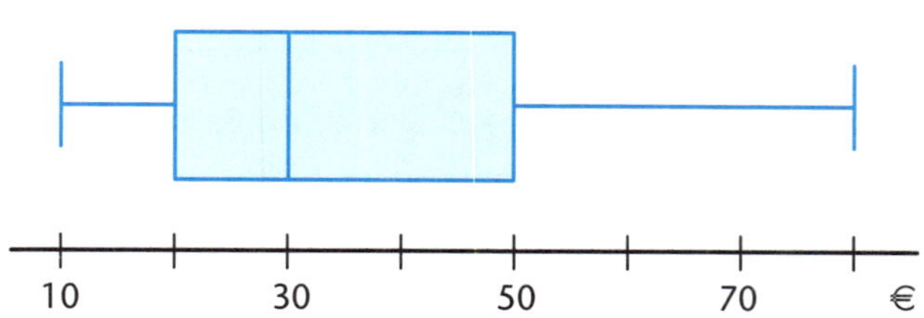

____

____

____

15 Aralsee

Der Aralsee war ein großer, abflussloser Salzsee in Kasachstan und früher der viertgrößte Binnensee der Erde.
Vor etwa 60 Jahren begann der See auszutrocknen. Mittlerweile ist die Austrocknung so stark fortgeschritten, dass der Aralsee in mehrere Teile zerfallen ist. Das linke Bild zeigt die Größe des Sees im Jahr 1960, das rechte Bild die Größe im Jahr 2010.

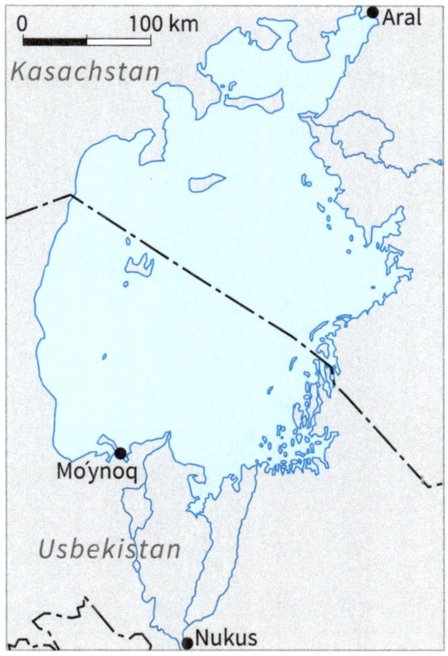

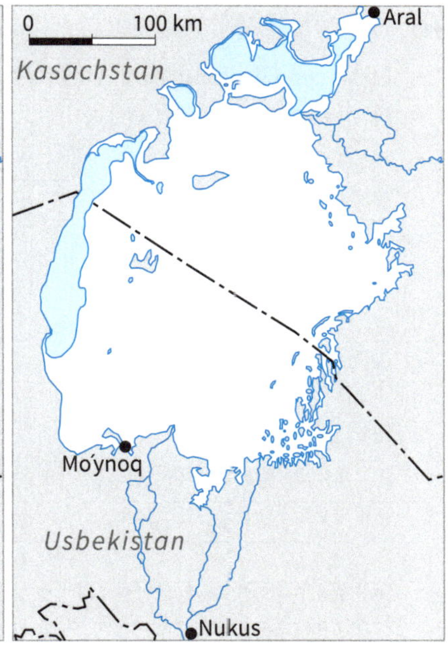

a) Bestimme näherungsweise die Fläche des Sees im Jahr 1960.

___

b) Bestimme näherungsweise die Fläche des Sees im Jahr 2010.
Wie viel Prozent seiner Größe von 1960 hatte der Aralsee zu diesem Zeitpunkt verloren?

___

16 Gesunde Ernährung

Auf Lebensmittelverpackungen finden sich zahlreiche Informationen für den Verbraucher.

1 Portion enthält:
Zucker 4,9 g*

*5,6 % der empfohlenen Tagesmenge eines Erwachsenen

a) Welche Tagesmenge Zucker wird empfohlen?

___

b) Welcher prozentuale Anteil der empfohlenen Tagesmenge an Zucker ist in folgendem Frühstück enthalten?
– eine Scheibe Vollkorntoast mit Butter und Marmelade ___
– zwei Scheiben Vollkorntoast mit Schokobrotaufstrich ___
– ein Glas Kakaomilch ___

Lebensmittel	1 Portion sind:	Zuckergehalt pro Portion (in g)
Vollkorntoast	1 Scheibe	0,5
Butter	Butter für eine Scheibe Toast	0,5
Schokobrotaufstrich	Brotaufstrich für eine Scheibe Toast	10,0
Marmelade	Marmelade für eine Scheibe Toast	15,0
Kakaomilch	1 Glas	20,0

17 Gleichungen

Löse die Gleichungen. Überlege zuerst, ob du eine Lösungsformel brauchst.

(1) $(x + 3) \cdot (8 - 2x) = 0$
Lösungen: ____________________

(2) $x^2 + 5x = 0$
Lösungen: ____________________

(3) $3x^2 - 8 = 4$
Lösungen: ____________________

(4) $2x^2 - 12x + 4 = 18$
Lösungen: ____________________

18 Gebäude

Das Foto zeigt die Front einer Ausstellungshalle. In dem eingezeichneten Koordinatensystem lässt sich die Außenlinie im oberen Teil durch eine Parabel mit der Funktionsgleichung

$y = -\frac{1}{9}x^2 + 18$

beschreiben (x und y in Meter).

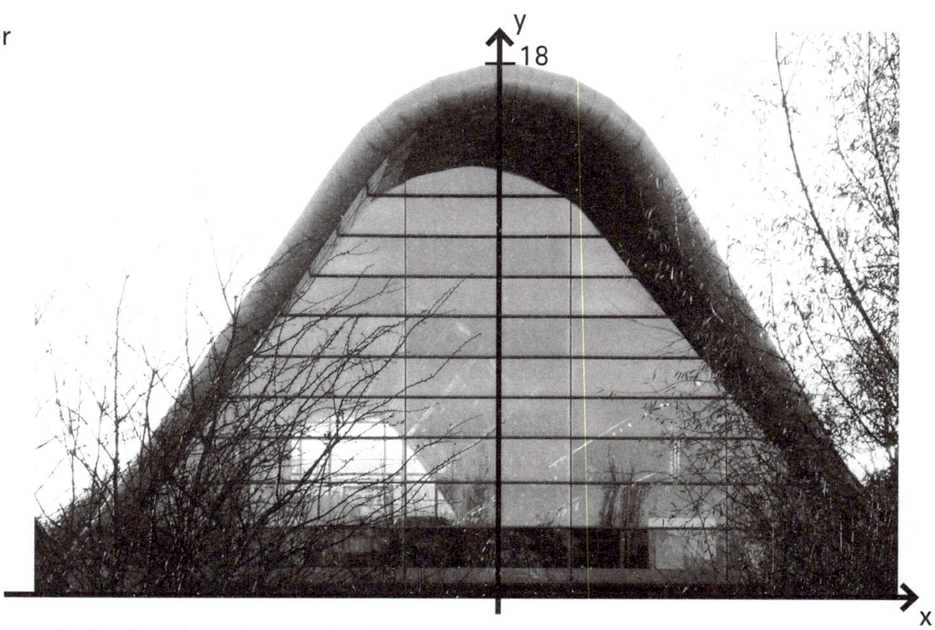

a) Gib die Höhe der Ausstellungshalle (in Meter) an: ____________

b) Zeige, dass in einer Höhe von 9 m die Ausstellungshalle genau doppelt so breit wie hoch ist.

c) Berechne die Nullstellen der Parabel und beurteile damit, ob auch im unteren Teil der Außenlinie der Halle die Beschreibung durch diese Parabel geeignet ist.

19 Nerobergbahn

Seit mehr als 120 Jahren fährt in Wiesbaden die Nerobergbahn, die ausschließlich durch Schwerkraft einen Höhenunterschied von 83 m überwindet. Und das geht so: Der talwärts fahrende Wagen zieht den anderen Wagen nach oben. Das nötige Gewicht liefert das sogenannte Ballastwasser, das jeweils der nach unten fahrende Wagen in einem Tank mit sich führt.
Ermittle die Länge der blauen Gleisstrecke von Nerotal nach Neroberg.

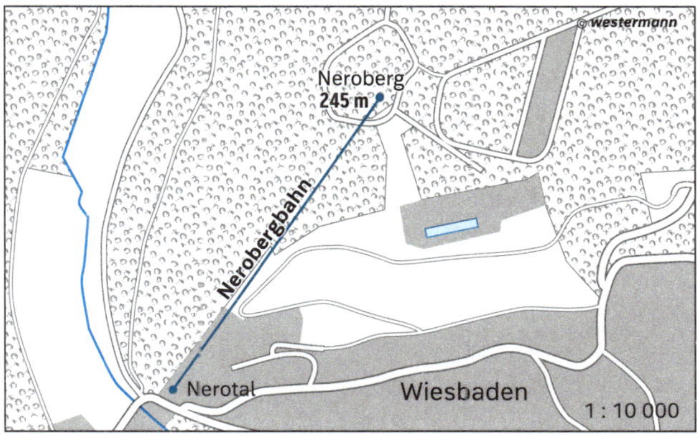

20 Felswand

Um die Höhe einer Felswand zu bestimmen (in der Zeichnung die Strecke $\overline{AF}$), wird diese von den zwei Punkten B und C, die 30 Meter voneinander entfernt sind, angepeilt.
Bestimme die Höhe der Felswand durch eine maßstäbliche Zeichnung und durch Berechnung.

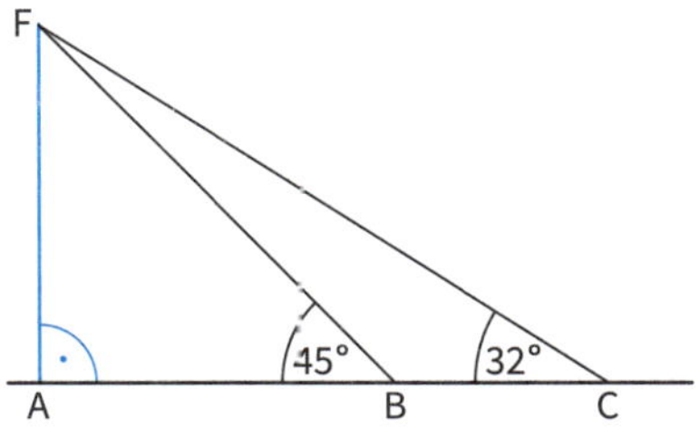

21 Maßänderungen

a) Richtig oder falsch? Korrigiere falsche Aussagen und begründe.
(1) Verdreifacht man den Radius eines Kreises, verdreifacht sich auch der Umfang.
(2) Verdoppelt man den Radius eines Kreises, verdoppelt sich auch der Flächeninhalt.

b) Wie verändert sich das Volumen eines Kegels, wenn man seine Höhe und zugleich seinen Radius verdoppelt? Schreibe auf, wie du rechnest.

22 Wucherzins

Private Kredite können teuer werden. Rechts ist der Schuldenverlauf für einen Kredit von 5 000 € dargestellt.

a) Erstelle eine Wertetabelle für die ersten sechs Jahre. (Runde die Euro-Beträge.)

b) Berechne den Zinssatz, den der Kreditgeber verlangt.

c) Es wird nichts zurückgezahlt. Wie lange dauert es, bis die Schulden 30 000 € übersteigen?

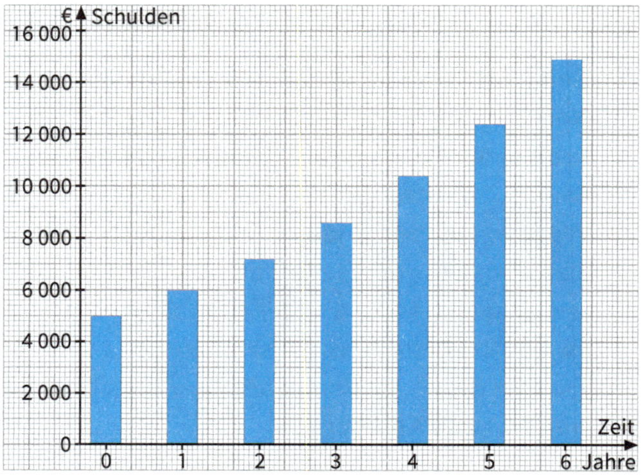

23 Sonderpreis

a) Kreuze an, mit welchen Methoden (1), (2) oder (3) der Mofapreis bei Barzahlung richtig berechnet wird.

☐ (1) Man berechnet 15 % von 1 500,– € und subtrahiert das Ergebnis von 1 500,– €.

☐ (2) Man berechnet 85 % von 1 500,– € und zieht noch 3 % des gesenkten Preises ab.

☐ (3) Den Preis bei Barzahlung kann man so berechnen: 1 500 € · 0,85 · 0,97.

b) Was kostet das Mofa bei Barzahlung?

Preis: ______________________

24 Werkstück

In ein zylindrisches Werkstück aus Messing (Dichte $\rho = 8{,}73\ \frac{g}{cm^3}$) sind zwei gleichgroße kegelförmige Vertiefungen gefräst.

a) Berechne die Masse des Werkstücks.

b) Berechne den Oberflächeninhalt des Werkstücks.

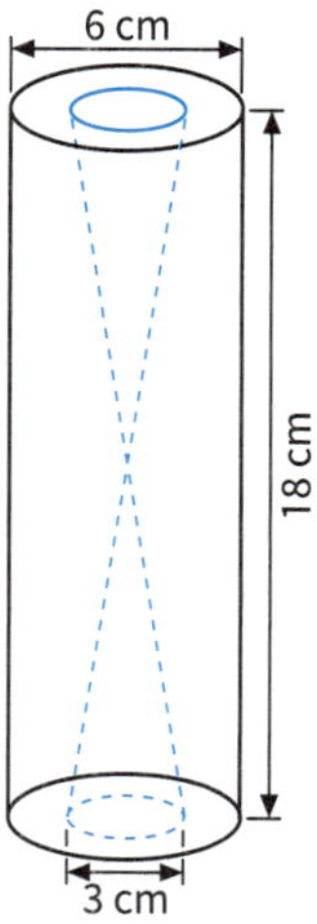

25 Lustige Abfallbehälter

In einem Ort auf Sardinien fordern diese bunten Behälter zur Mülltrennung auf.

a) Schätze folgende Größen:

Höhe h der Behälter (ohne „Kopf"): ________

Höhe k der Behälter (mit „Kopf"): ________

oberer Durchmesser d_o: ________

unterer Durchmesser d_u: ________

b) Entscheide und begründe, mit welchem der drei abgebildeten Körper sich das Volumen am besten abschätzen lässt.

(1)

(2)

(3)

26 Kugeln

Hier siehst du eine Folge von Figuren, die aus blauen und weißen Kugeln bestehen.

Figur	1	2	3	4	5	6
		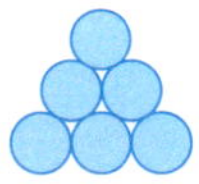	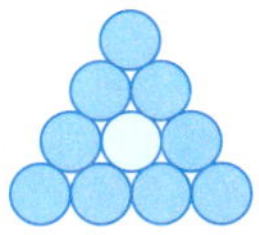	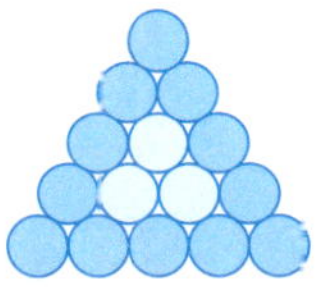	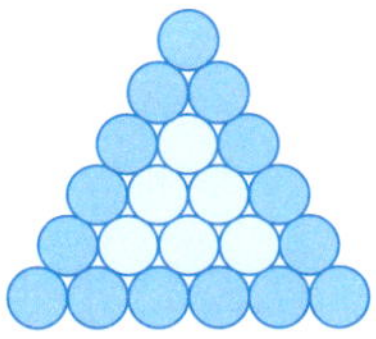	
Anzahl aller Kugeln						
Anzahl der blauen Kugeln						
Anzahl der weißen Kugeln						

a) Skizziere die Figur 6 und fülle die Tabelle aus.

b) Begründe, dass die Anzahl der blauen Kugeln in der n-ten Figur mit dem Term $3 \cdot n$ berechnet werden kann.

____

____

____

____

Die Anzahl aller Kugeln in der Figur n kann mit dem Term $\frac{1}{2} \cdot (n + 2) \cdot (n + 1)$ berechnet werden.

c) Wie viele Kugeln hat die Figur 15 insgesamt? ________

d) Wie viele weiße Kugeln hat die Figur 20? ________

Teil C Zentrale Aufgaben

Abschlussprüfung Niedersachsen Realschulabschluss 2019

In diesem Teil deines Arbeitsbuches findest du die Original-Prüfungsarbeiten aus den letzten Jahren, die aktuelle Prüfung steht online unter www.finaleonline.de. Der benötigte Code steht vorne hier im Arbeitsbuch. Bearbeite mindestens eine dieser Arbeiten unter Prüfungsbedingungen, in der für jeden Prüfungsteil vorgeschriebenen Zeit und nur mit den zugelassenen Hilfsmitteln.
Eine Formelsammlung findest du im Lösungsheft.

Abschlussprüfung 2019 zum Erwerb des Sekundarschulabschlusses I, Realschule
Bearbeitungszeit für die gesamte Prüfung 150 min

Hauptteil 1 2019 (28 Punkte)

Die Aufgaben im Hauptteil 1 sind ohne Hilfsmittel und auf den Aufgabenblättern zu lösen.

1. Berechne. (4 P)

a) $240 - 65 =$ 175 b) $10{,}5 + 0{,}95 =$ c) $12 \cdot (-6) =$ d) $\frac{5}{8} : 2 =$

2. Berechne. (2 P)

$95 + 5 \cdot (20 - 5)$

3. Gegeben ist der Term $2x + 3y + 4x - 5y$. (2 P)

a) Fasse den Term so weit wie möglich zusammen. ______________________

b) Berechne den Wert des Terms für $x = 2$ und $y = -1$. ______________________

4. Löse die Gleichung.: $2x + 5 = -4x + 17$

5. Abgebildet sind die ersten drei Figuren eines Musters. (3 P)

Figur 1 Figur 2 Figur 3

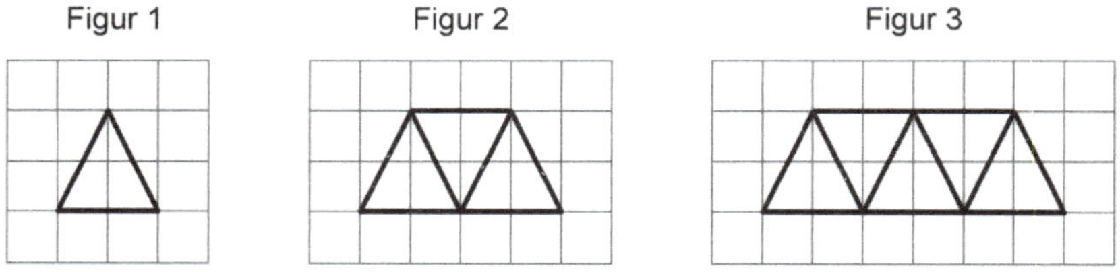

a) Zeichne die Figur 4 des Musters.

Figur 4

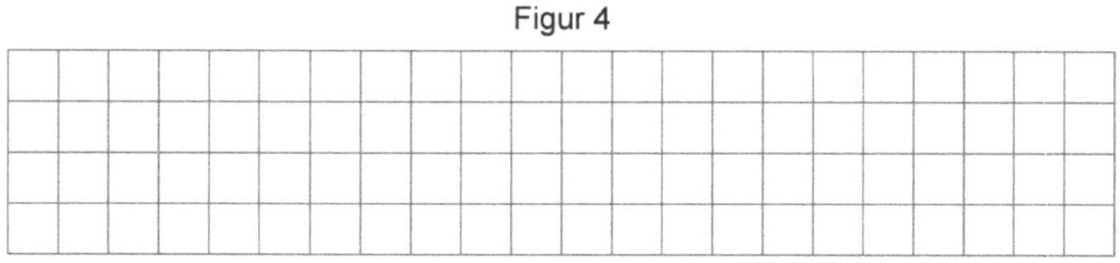

b) Gib die Anzahl der Dreiecke in der Figur 10 des Musters an.

Die Figur 10 besteht aus ____________ Dreiecken.

Die Anzahl der Dreiecke einer beliebigen Figur x des Musters soll bestimmt werden.

c) Stelle einen allgemeinen Term in Abhängigkeit von x auf.

6. Ein Quadrat hat einen Umfang von 14 cm. (3 P)

a) Zeichne das Quadrat.

b) Kreuze die richtige Aussage an.

Wenn sich der Umfang des Quadrates verdoppelt, dann ...

- ○ verdoppelt sich der Flächeninhalt des Quadrates.
- ○ vervierfacht sich der Flächeninhalt des Quadrates.
- ○ verachtfacht sich der Flächeninhalt des Quadrates.

7. Gib die Größe der Winkel α und β an. (2 P)

α = ________ °

β = ________ °

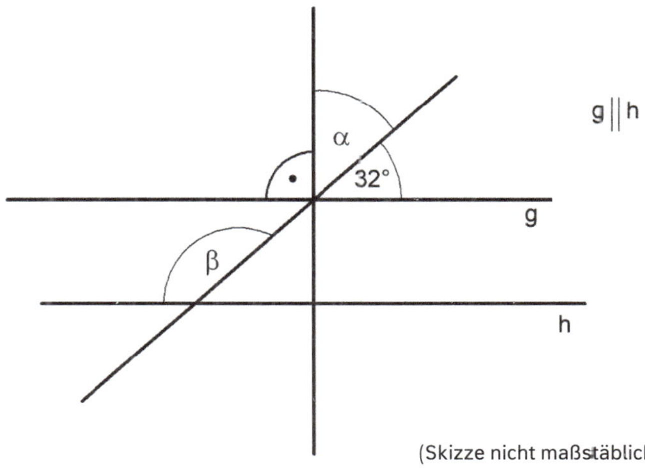

(Skizze nicht maßstäblich)

8. Für einen Ausflug mieten 6 Personen einen Kleinbus zu einem Festpreis. Jeder muss 20 € bezahlen. Kurzfristig fahren 2 Personen mehr mit. (2 P)

Berechne, wie viel jede Person jetzt bezahlen muss.

Jede Person muss jetzt __________ € bezahlen.

9. Am Sportfest nahmen 400 Kinder teil. 80 Kinder erhielten eine Ehrenurkunde. (2 P)

Berechne den prozentualen Anteil der Kinder, die eine Ehrenurkunde erhielten.

Eine Ehrenurkunde erhielten __________ % der Kinder.

10. Abgebildet ist ein Glücksrad. (2 P)

a) Färbe auf dem Glücksrad so viele Felder grau, dass die Wahrscheinlichkeit für „grau" $\frac{1}{4}$ beträgt.

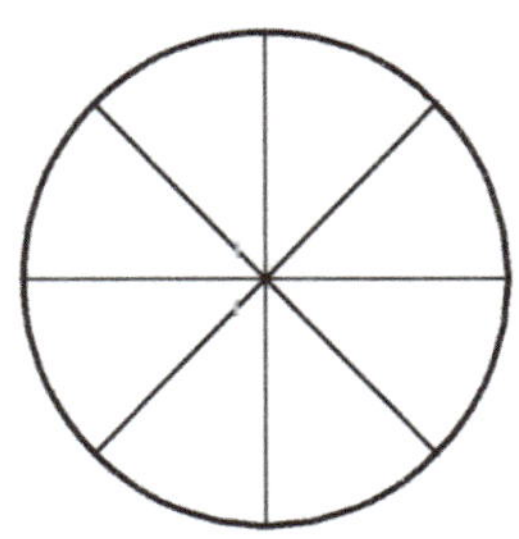

Sabine möchte auf dem Glücksrad noch weitere Felder grau färben, so dass die Wahrscheinlichkeit für „grau" $\frac{1}{3}$ beträgt.

b) Begründe, dass Sabine das bei einem Glücksrad mit 8 Feldern nicht kann.

____

____

____

11. An einem Tag wurde stündlich die Niederschlagsmenge und die Temperatur gemessen. (4 P)

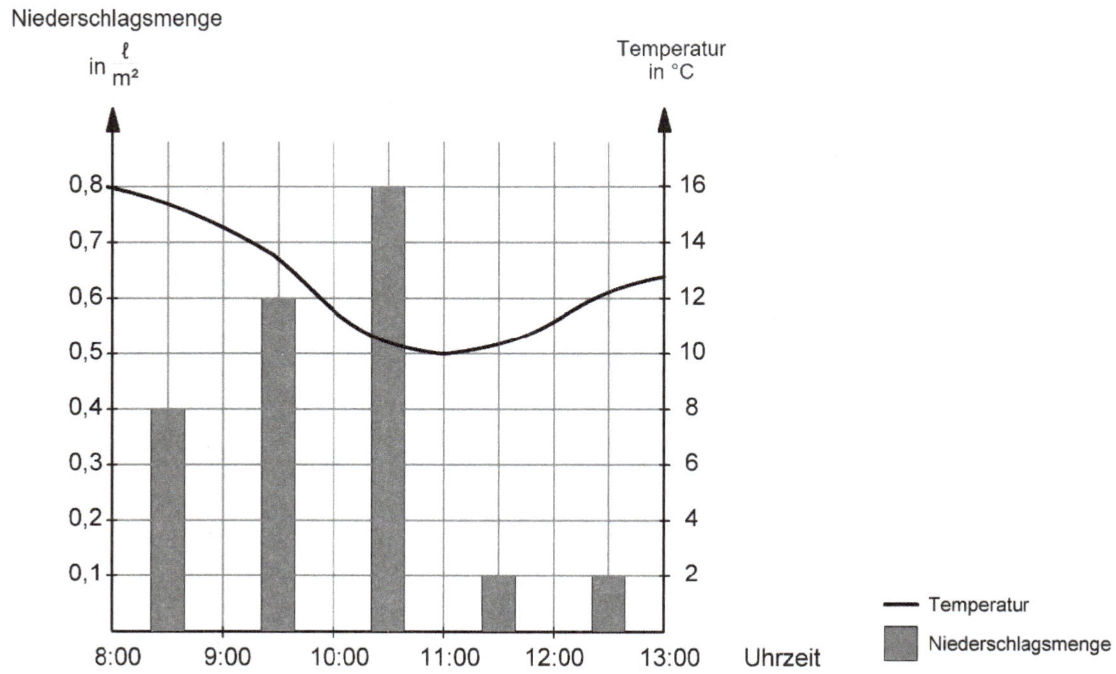

a) Gib an, zu welcher Uhrzeit die tiefste Temperatur gemessen wurde.

Die tiefste Temperatur wurde um ____________ Uhr gemessen.

b) Berechne die durchschnittliche Niederschlagsmenge in dem dargestellten Zeitraum.

Die durchschnittliche Niederschlagsmenge beträgt _________ $\frac{\ell}{m^2}$.

c) Begründe, dass die Temperaturen als Kurve dargestellt werden dürfen.

____

____

Hauptteil 2 2019 (36 Punkte)

Runde Endergebnisse auf 2 Stellen hinter dem Komma.
Schreibe deine Lösungswege ausführlich auf. Du darfst auch Hilfsmittel (Taschenrechner, Parabel-Schablone, Formelsammlung) benutzen.

1. Ein Fahrradhändler macht das nebenstehende Angebot. (4 P)

a) Berechne den neuen Preis des Fahrrades.

Auf alle bereits reduzierten Fahrräder gibt es noch einmal 15 % Preisnachlass. Leon behauptet: „Dann kann ich doch gleich 35 % abziehen“.

b) Entscheide, ob Leon recht hat. Begründe deine Entscheidung.

____

2. In einer Urne sind 2 grüne und 8 rote Kugeln. Marcel zieht zwei Kugeln, ohne sie zurückzulegen. (6 P)

a) Ergänze im folgenden Baumdiagramm die fehlenden Wahrscheinlichkeiten. Verwende Brüche.

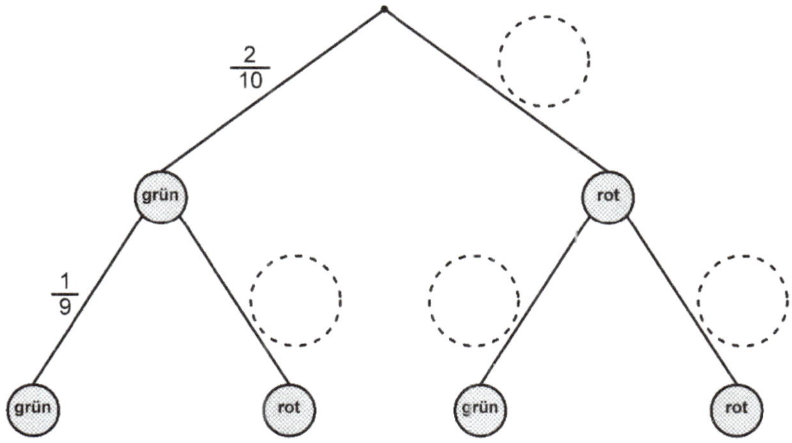

b) Berechne die Wahrscheinlichkeit, dass Marcel zwei grüne Kugeln zieht.

c) Berechne die Wahrscheinlichkeit, dass Marcel höchstens eine grüne Kugel zieht.

---

3. Ein Glas enthält Tee mit einer Temperatur von 90 °C. (5 P)

a) Die Temperatur des Tees nimmt pro Minute um 8 % ab.
Berechne die Temperatur des Tees nach 10 min.

Im Kühlschrank hat der 90 °C heiße Tee nach 5 min eine Temperatur von 45 °C.

b) Berechne die prozentuale Temperaturabnahme des Tees pro Minute.

---

4. Bei einem Schulfest werden Saft und Wasser verkauft. Annette bezahlt für 1 Glas Saft und 4 Gläser Wasser 13 €. Sandra bezahlt für 4 Gläser Saft und 2 Gläser Wasser 17 €. (5 P)

a) Stelle ein lineares Gleichungssystem auf, mit dem du den Preis für ein Glas Saft und den Preis für ein Glas Wasser berechnen kannst.

b) Löse das Gleichungssystem und gib den Preis für ein Glas Saft und den Preis für ein Glas Wasser an.

(Solltest du Teilaufgabe a) nicht gelöst haben, rechne mit $\left| \begin{array}{ll} \text{I} & 4x + y = 12 \\ \text{II} & 2x + 4y = 13 \end{array} \right|$ weiter.

Dabei ist x der Preis für ein Glas Saft und y der Preis für ein Glas Wasser.)

---

5. Gegeben ist die quadratische Gleichung $x^2 - 6x + 5 = 0$. (4 P)

a) Löse die Gleichung.

b) Gib den Zusammenhang zwischen den Lösungen der Gleichung und dem Graphen der Funktion $y = x^2 - 6x + 5$ an.

---

6. Ein Rollstuhlfahrer muss eine 20 cm hohe Stufe überwinden. Dazu wird eine Rampe mit einem Steigungswinkel von 5° angelegt. (6 P)

a) Berechne die Länge x der Rampe.

Aus Sicherheitsgründen darf die Steigung der Rampe höchstens 6 % betragen.

b) Überprüfe mit einer Rechnung, ob die Rampe lang genug ist.

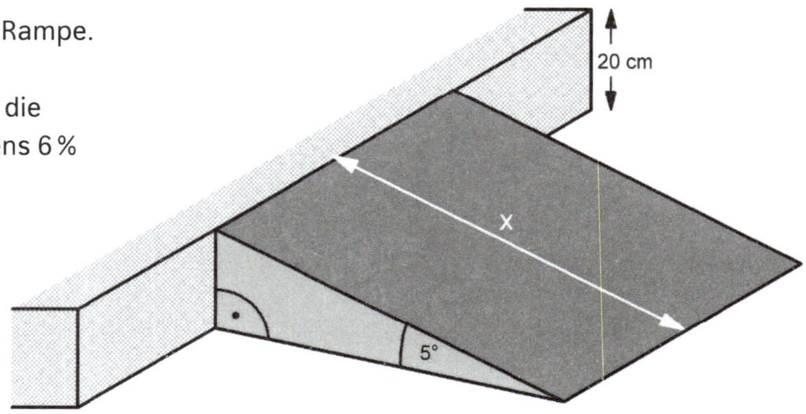

(Skizze nicht maßstäblich)

---

7. Ein Oktaeder besteht aus zwei quadratischen Pyramiden. Alle Kanten haben eine Länge von a = 4 cm. (6 P)

a) Berechne die Höhe h_a einer Seitenfläche.

b) Berechne die Oberfläche des Oktaeders.

(Solltest du Teilaufgabe a) nicht gelöst haben, rechne mit $h_a = 3{,}52$ cm weiter.)

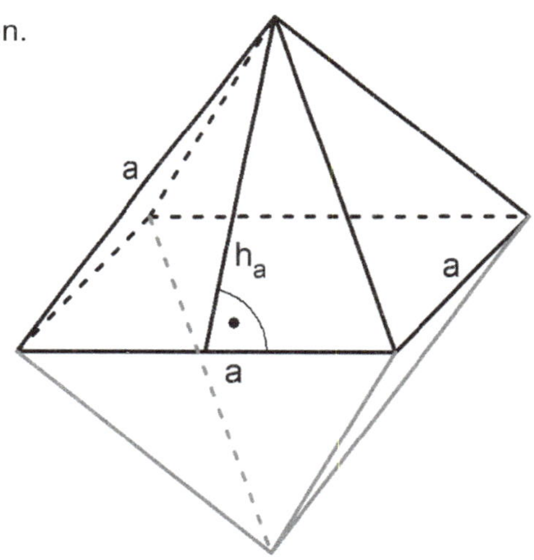

(Skizze nicht maßstäblich)

Wahlteil 2019

(40 Punkte)

Von den vier Wahlaufgaben sind zwei zu bearbeiten.

Wahlaufgabe 1

(10 P)

Justin steht auf dem Leuchtturm.
Er misst zwischen dem Hafen und einem Schiff den Winkel $\beta_1 = 44°$.

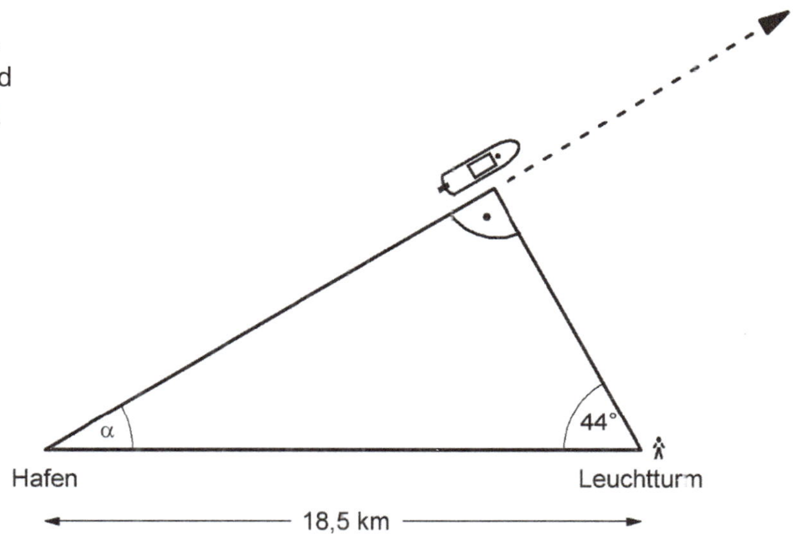

(Skizze nicht maßstäblich)

a) Berechne den Winkel α

b) Berechne die Länge der Strecke vom Leuchtturm zum Schiff.

Das Schiff fährt auf geradem Kurs weiter. Justin misst den Winkel zwischen dem Hafen und der neuen Position des Schiffes. Der Winkel beträgt jetzt $\beta_2 = 78°$.

c) Skizziere in die Grafik die Strecke vom Leuchtturm zur neuen Position des Schiffes.

d) Berechne die neue Länge der Strecke vom Leuchtturm zum Schiff.

e) Stelle eine allgemeine Formel für die Berechnung der Länge der Strecke x vom Leuchtturm zum Schiff in Abhängigkeit vom Winkel β auf.

Wahlaufgabe 2

(10 P)

Eine Sanduhr besteht aus zwei annähernd kegelförmigen Glasgefäßen. Die Sanduhr ist insgesamt 24 cm hoch und hat oben und unten einen Durchmesser von 9 cm.
Zu Beginn ist der obere Teil 8 cm hoch mit Sand gefüllt.

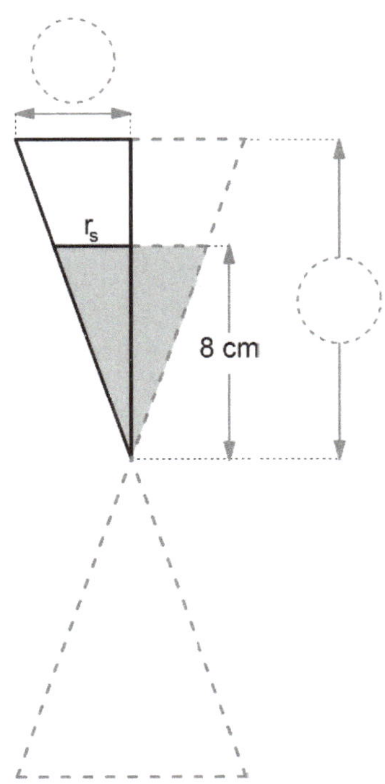

a) Ergänze in der nebenstehenden Abbildung die fehlenden Maße.

b) Berechne den Radius r_s des Sandkegels.

c) Berechne das Volumen des Sandkegels. (Solltest du Teilaufgabe b) nicht gelöst haben, rechne mit $r_s = 4$ cm weiter.)

(Skizze nicht maßstäblich)

Sobald die Sanduhr läuft, entsteht unten ein weiterer Sandkegel.
Zu einem bestimmten Zeitpunkt sind die Grundflächen des Sand- und des Glaskegels gleich groß. Der Winkel zwischen dem Radius r der Grundfläche und der Seitenlinie s des Sandkegels beträgt 30°.

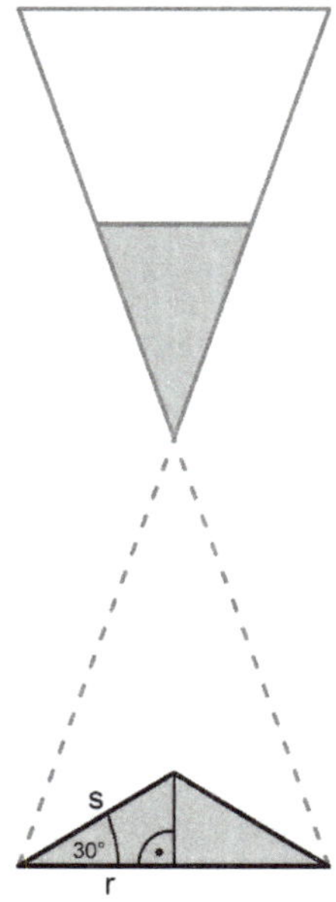

d) Berechne die Höhe des Sandkegels zu diesem Zeitpunkt.

Bei einem anderen Sandkegel ist der Winkel zwischen dem Radius der Grundfläche und der Seitenlinie immer gleich groß.
Lisa behauptet: „Verdoppelt sich der Radius des Sandkegels, dann ist der Sandkegel auch doppelt so hoch."

e) Hat Lisa recht? Begründe deine Aussage.

(Skizze nicht maßstäblich)

Wahlaufgabe 3

(10 P)

Der Computervirus *Minlock* verbreitet sich sehr schnell.
Alle 2 Tage wächst die Anzahl der infizierten Computer um 40 %.
Zurzeit sind 10 000 Computer infiziert.

a) Vervollständige die Tabelle.

Anzahl Tage x	0	2	4	6	8	10
Anzahl infizierte Computer y	10 000					53 782

b) Zeichne den Graphen in ein Koordinatensystem.
(Wähle bei der x-Achse 1 cm für 2 Tage und bei der y-Achse 1 cm für 10 000 Computer.)

c) Ermittle, nach wie vielen ganzen Tagen 45 000 Computer infiziert sind.

d) Berechne die Anzahl der infizierten Computer 4 Tage vor Beobachtungsbeginn.
Runde dein Ergebnis sinnvoll.

Die Anzahl der infizierten Computer soll nicht für alle zwei Tage, sondern jeden Tag berechnet werden.

e) Entscheide, welche der beiden Funktionsgleichungen das tägliche Wachstum des Computervirus beschreibt. Begründe deine Entscheidung.

$$y_1 = 10000 \cdot 1{,}4^{\frac{x}{2}} \qquad y_2 = 10000 \cdot \left(\frac{1{,}4}{2}\right)^x$$

Wahlaufgabe 4

(10 P)

Ein Torbogen hat annähernd die Form einer Parabel mit der Gleichung $y = -0{,}75x^2 + 5{,}25$.

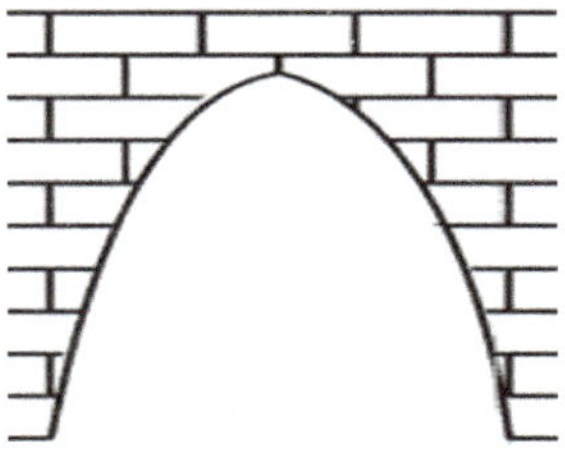

a) Vervollständige die Tabelle.

Breite x (in m)	−3	−2	−1	0	1	2	3
Höhe y (in m)	−1,5		4,5				−1,5

b) Zeichne den Graphen in ein Koordinatensystem. (Wähle bei den Achsen jeweils 1 cm für 1 m.)

Der Torbogen hat eine Höhe von 5,25 m.

c) Begründe, dass nur ein Teil des Graphen der Funktion $y = -0{,}75x^2 + 5{,}25$ den Torbogen abbildet.

Ein Lkw muss durch den Torbogen fahren. Der Lkw hat eine Höhe von 4 m und eine Breite von 2,50 m.

d) Skizziere den Lkw mit den angegebenen Maßen in deine Zeichnung.

e) Entscheide mithilfe einer Rechnung, ob der Lkw durch den Torbogen passt.

Abschlussprüfung Niedersachsen Realschulabschluss 2018

Abschlussprüfung 2018 zum Erwerb des Sekundarschulabschlusses I, Realschule
Bearbeitungszeit für die gesamte Prüfung 150 min

Hauptteil 1 2018 (28 Punkte)

Die Aufgaben im Hauptteil 1 sind ohne Taschenrechner und auf den Aufgabenblättern zu lösen.

1. Berechne. (4 P)

a) $80 - 125 =$ b) $\frac{1}{2} + \frac{3}{7} =$ c) $0{,}7 \cdot 0{,}6 =$ d) $567 : 3 =$

2. Wandle in die angegebene Einheit um. (2 P)

a) 0,25 kg = __________ g b) 210 min = __________ h

3. Im Jahr 2015 lebten in Deutschland 2 791 000 Kinder im Alter von 6 bis 9 Jahren. (2 P)
Jedes dieser Kinder erhielt durchschnittlich 171 € Taschengeld pro Jahr. Überschlage, wie viel Taschengeld diese Kinder zusammen erhielten. Notiere deine Überschlagsrechnung.

4. a) Färbe in der nebenstehenden Figur $\frac{3}{10}$ von der Gesamtfläche. (3 P)

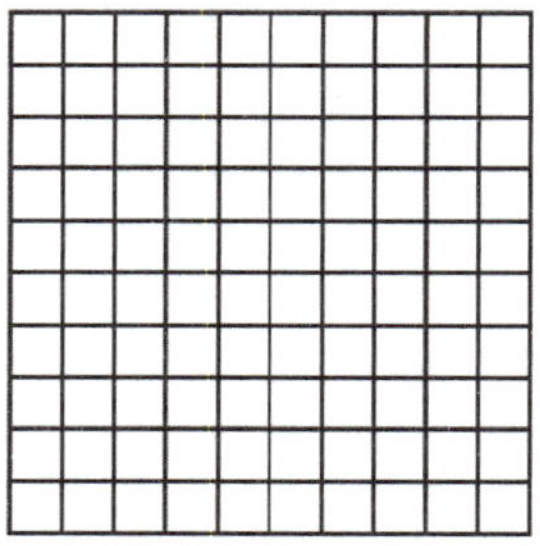

b) Kreuze alle zu $\frac{3}{10}$ gleichwertigen Schreibweisen an.

$\frac{30}{1000}$	0,3	0,03	3 %	30 %
○	○	○	○	○

5. Britta möchte sich eine neue Hose kaufen. (2 P)
Ein Modehaus macht folgendes Angebot:

An einer Hose findet sie folgendes Preisschild:

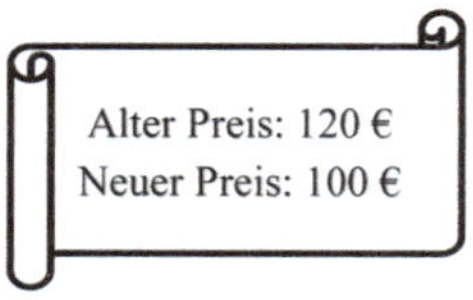

Begründe mithilfe einer Rechnung, ob der neue Preis dem Angebot entspricht.

6. Das abgebildete Gefäß wird vollständig und gleichmäßig mit Wasser gefüllt. (3 P)
a) Ordne dem Gefäß den passenden Füllgraphen zu. Kreuze an.

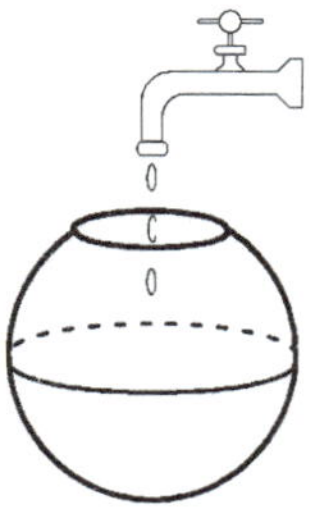

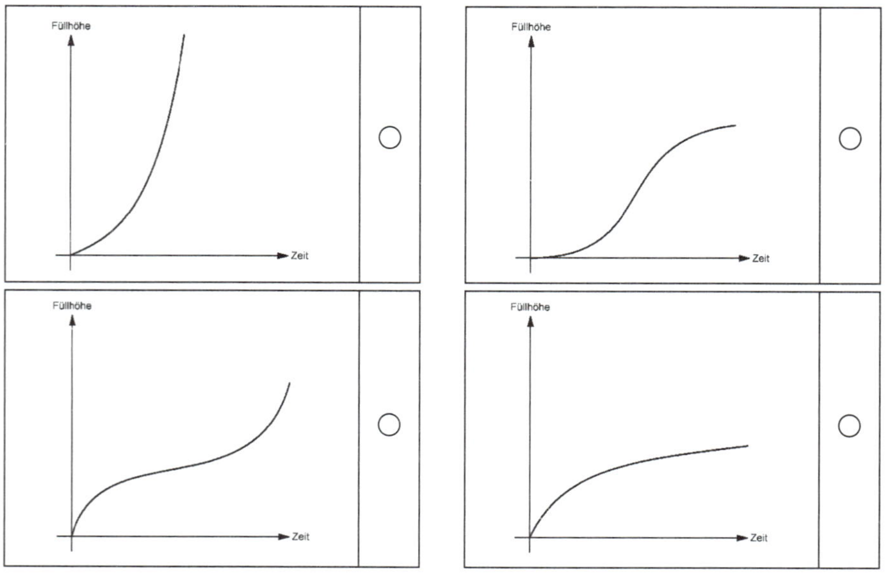

b) Ein anderes Gefäß wird ebenfalls vollständig und gleichmäßig mit Wasser gefüllt.
Skizziere den Füllgraphen.

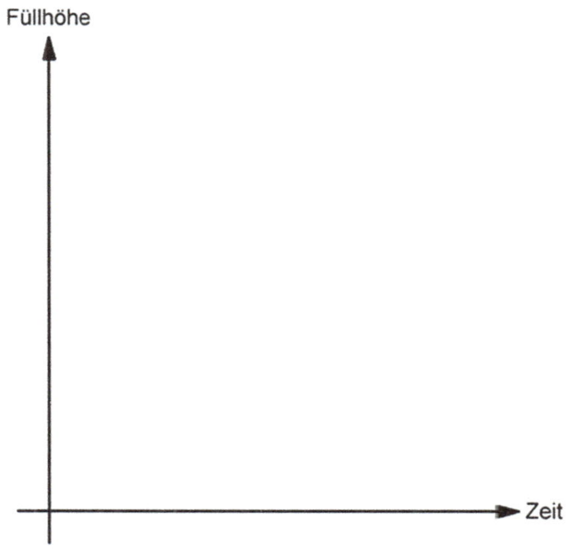

7. Justus fährt mit dem Fahrrad zur Schule. Er benötigt 20 Minuten bei einer durchschnittlichen Geschwindigkeit von 12 $\frac{km}{h}$. Heute hat er für seinen Schulweg nur 15 Minuten Zeit. Berechne, wie schnell er durchschnittlich fahren muss, um pünktlich in der Schule zu sein. (2 P)

Justus muss durchschnittlich ____________ $\frac{km}{h}$ fahren.

8. a) Miss die Größe des Winkels α. (2 P)

α = ____________ °

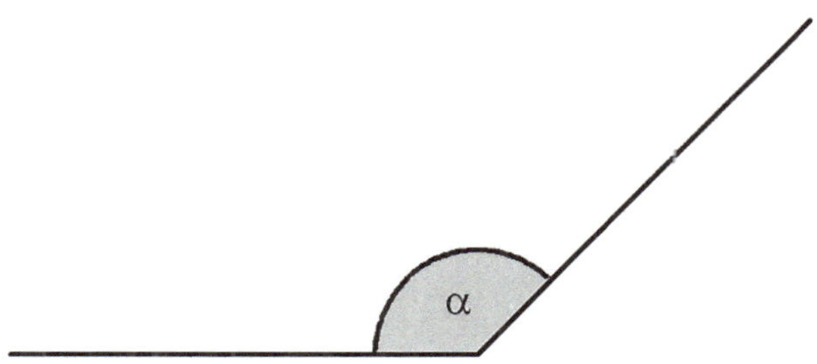

b) Gib für α die Winkelart an.

Winkelart: ______________________________

9. Die gegenüberliegenden Flächen eines Würfels sind jeweils gleich gefärbt. Ein Würfelnetz passt nicht dazu. Kreuze an. (1 P)

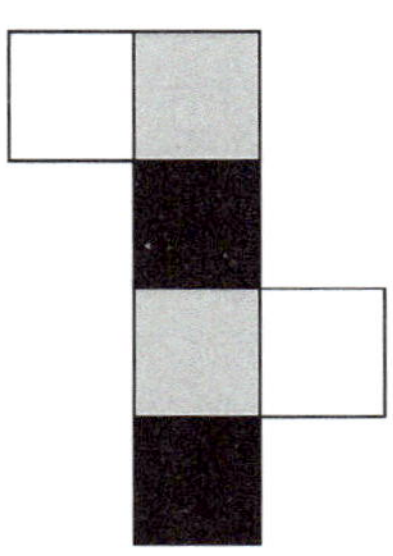
○

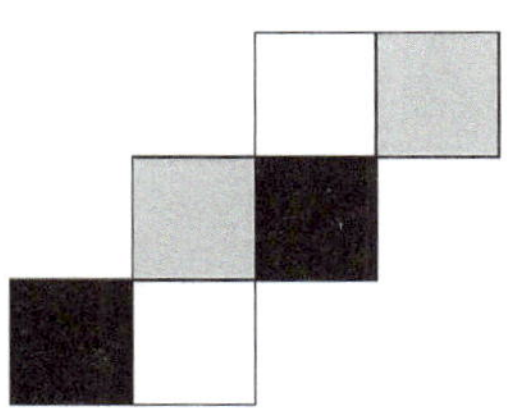
○

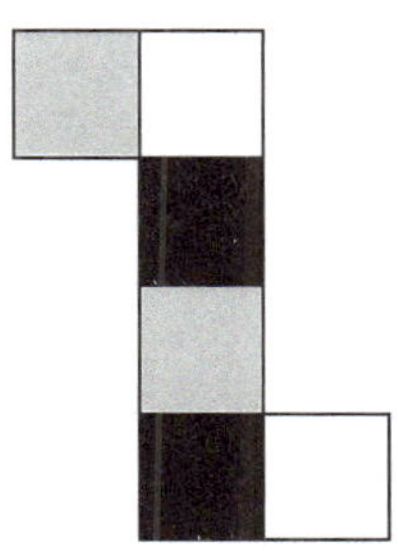
○

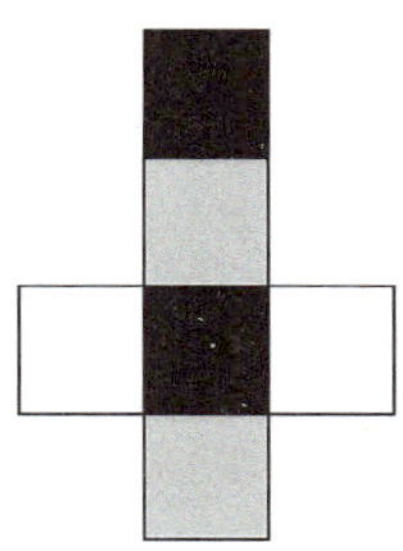
○

10. a) Bestimme den Flächeninhalt der abgebildeten Figur. (x = 1 cm) (2 P)

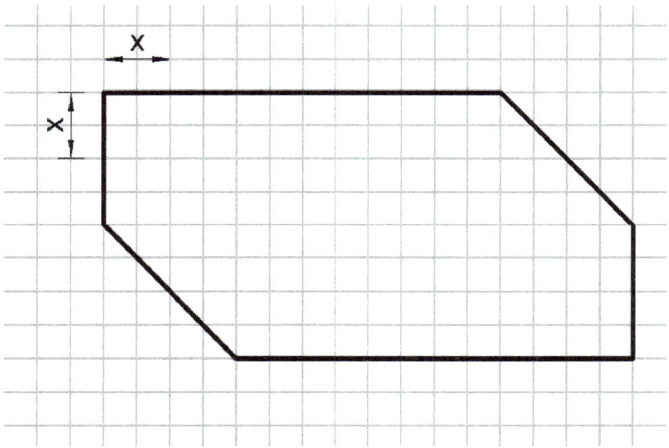

(Skizze nicht maßstäblich)

Der Flächeninhalt beträgt

__________ cm^2.

b) In der Figur aus Aufgabe a) werden alle Seitenlängen verdoppelt.
Gib an, wie sich der Flächeninhalt dadurch verändert. Kreuze an.

Der Flächeninhalt wird
○ doppelt so groß, ○ viermal so groß, ○ achtmal so groß.

11. Max hat beim Lösen der Gleichung einen Fehler gemacht. Schreibe den Lösungsweg richtig auf. (1 P)

3	+	4	x	=	2	7		|	+	3	
		4	x	=	3	0		|	:	4	
			x	=	7,	5					

12. Jenny möchte sich um einen Ausbildungsplatz bewerben. Für eine erfolgreiche Bewerbung ist der Notendurchschnitt in einigen Schulfächern wichtig. (2 P)
Dazu hat Jenny ihre Noten aufgeschrieben:

Deutsch	4	Mathe	2	Chemie	1
Englisch	4	Physik	4	Biologie	3

a) Berechne den Notendurchschnitt für diese Fächer.

Jenny hat einen Notendurchschnitt von ______ erreicht.

Für eine erfolgreiche Bewerbung benötigt sie einen Notendurchschnitt von 2,5.

b) Gib an, in wie vielen Fächern sich Jenny um eine Note verbessern muss.

Jenny muss sich in ______ Fächern um eine Note verbessern.

13. An einem Fußballturnier nehmen 6 Mannschaften teil. Jedes Team spielt genau einmal gegen jedes andere Team. (2 P)

a) Gib an, wie viele Spiele jede Mannschaft hat.

Jede Mannschaft hat ______ Spiele.

b) Berechne, wie viele Spiele insgesamt stattfinden.

Es finden insgesamt ______ Spiele statt.

Hauptteil 2 2018

(36 Punkte)

Runde Endergebnisse auf 2 Stellen hinter dem Komma.
Schreibe deine Lösungswege ausführlich auf. Du darfst auch Hilfsmittel (Taschenrechner, Parabel-Schablone, Formelsammlung) benutzen.

1. Bei einer Umfrage wurden 1 650 Schülerinnen und Schüler befragt, welche Medien sie regelmäßig zur Kommunikation nutzen. (4 P)
54 % der Befragten nutzen das Telefon regelmäßig zur Kommunikation.

a) Berechne die Anzahl der Schülerinnen und Schüler.

Die Schülerzeitung hat einen Teil der Ergebnisse veranschaulicht.

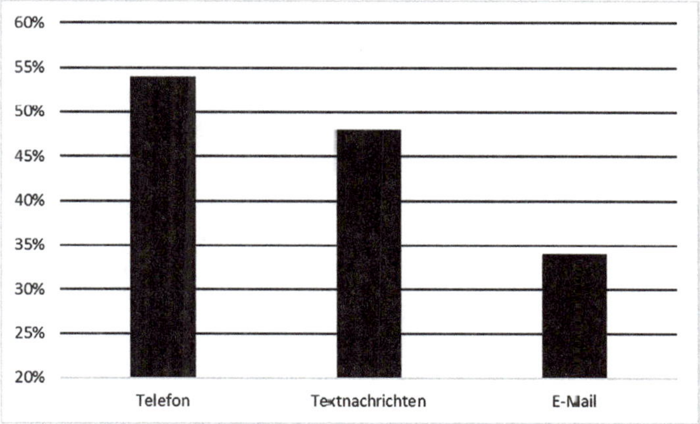

Karima meint: „Im Vergleich zu E-Mails werden Textnachrichten zur Kommunikation doppelt so oft genutzt."

b) Hat Karima die Ergebnisse der Umfrage richtig interpretiert? Begründe.

2. Stefan besitzt ein altes Sparbuch mit einem festen Jahreszinssatz und einem Guthaben von 8 532,86 €. Nach einem Jahr werden 238,92 € Zinsen auf dem Sparbuch gutgeschrieben. (5 P)

a) Berechne den Jahreszinssatz.

Nach 3 weiteren Jahren möchte sich Stefan von dem Geld auf dem Sparbuch ein Auto kaufen. Bis dahin nimmt er keine Ein- und Auszahlungen vor.
Um das Guthaben in 4 Jahren zu ermitteln, hat sich Stefan folgende Rechnung notiert:

$$8\,532{,}86\ € + 4 \cdot 238{,}92\ € = 9\,488{,}54\ €$$

b) Begründe, warum Stefan so nicht rechnen kann.

c) Berechne, über welchen Betrag Stefan am Ende der 4 Jahre verfügen kann.
(Solltest du Teilaufgabe a) nicht gelöst haben, rechne mit p % = 2,4 % weiter.)

3. Die Grafik zeigt die Fahrpreise des Taxiunternehmens „Flott". (6 P)

a) Gib die Funktionsgleichung des Graphen in der Form $y = mx + b$ an.

b) Bestimme den Fahrpreis für eine Strecke von 20 km.

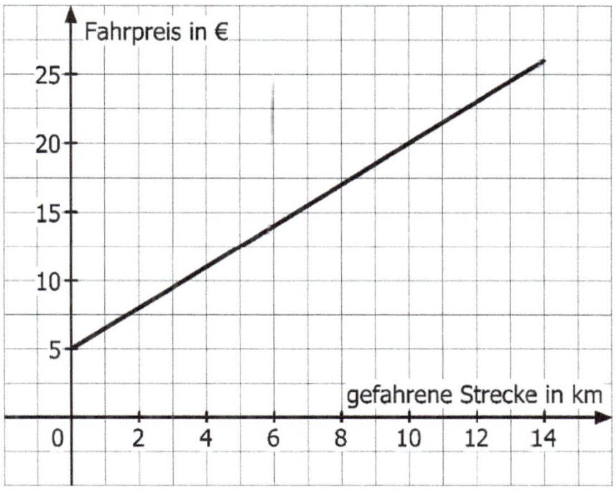

Das Taxiunternehmen „Rasant“ berechnet den Fahrpreis mit der Funktionsgleichung $y = 1{,}75x + 2{,}5$.

c) Für eine Taxifahrt beim Unternehmen „Rasant“ wurden 41,00 € gezahlt. Berechne die Länge der gefahrenen Strecke.

d) Ermittle, für welche gefahrene Strecke der Fahrpreis bei beiden Taxiunternehmen gleich groß ist.

4. Die Firma „Schokotraum“ hat eine neue Verpackung entwickelt. (5 P)

a) Zeichne das Netz der Verpackung.

b) Bei der Herstellung der Verpackung werden für die Klebelaschen und den Verschnitt 15 % mehr Material benötigt. Berechne den Materialbedarf für eine Verpackung.

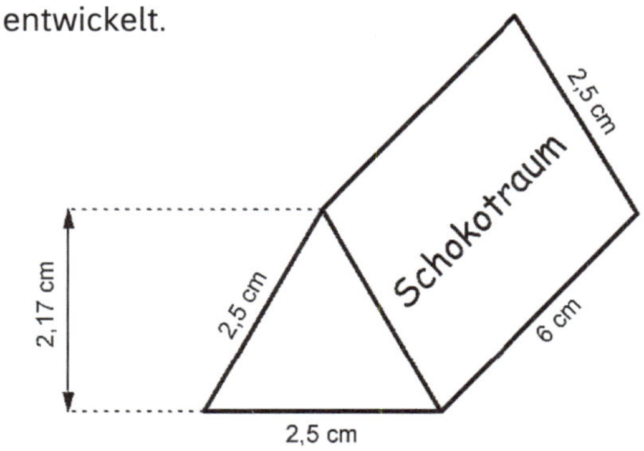

(Skizze nicht maßstäblich)

5. In einem zylinderförmigen Gefäß wird eine Säure neutralisiert. (5 P)
Aus einem kegelförmigen Trichter tropft dazu eine Lauge in die Säure.

a) Berechne das Volumen der Lauge im Trichter.

Die Flüssigkeit ist neutral, nachdem 122,17 cm^3 Lauge in die Säure getropft sind.

b) Berechne, ob das Gefäß überläuft.

(Skizze nicht maßstäblich)

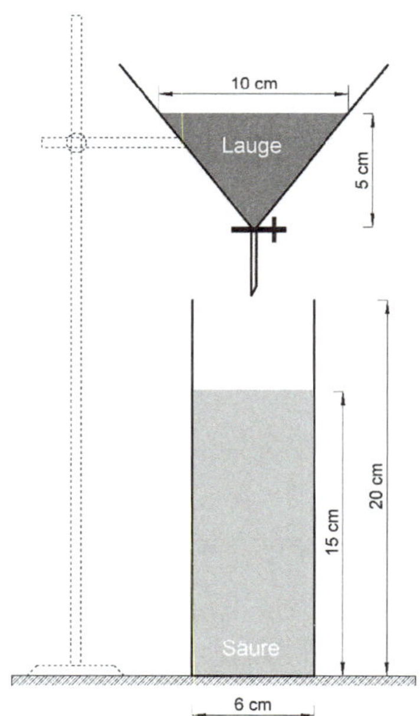

6. Gegeben ist folgendes rechtwinkliges Dreieck. (6 P)

a) Berechne die Länge der Hypotenuse.

b) Berechne die Größe des Winkels β.

Die Hypotenuse eines anderen rechtwinkligen Dreiecks soll 8 cm lang sein.

c) Bestimme zwei passende Kathetenlängen.

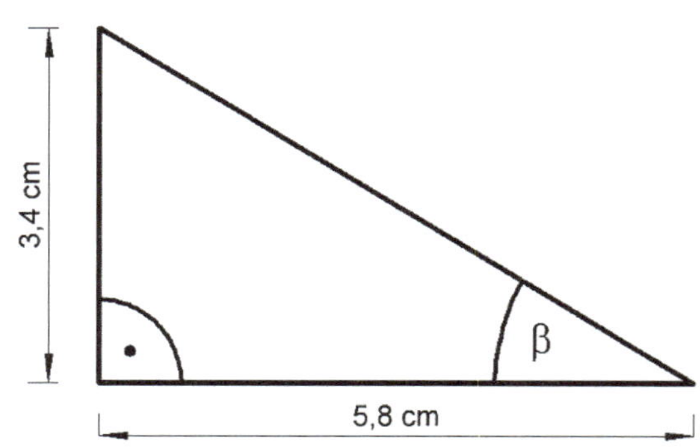

(Skizze nicht maßstäblich)

7. Es werden zwei Würfel geworfen. (5 P)

a) Ergänze im folgenden Baumdiagramm in den Kreisen die Wahrscheinlichkeiten. Verwende Brüche.

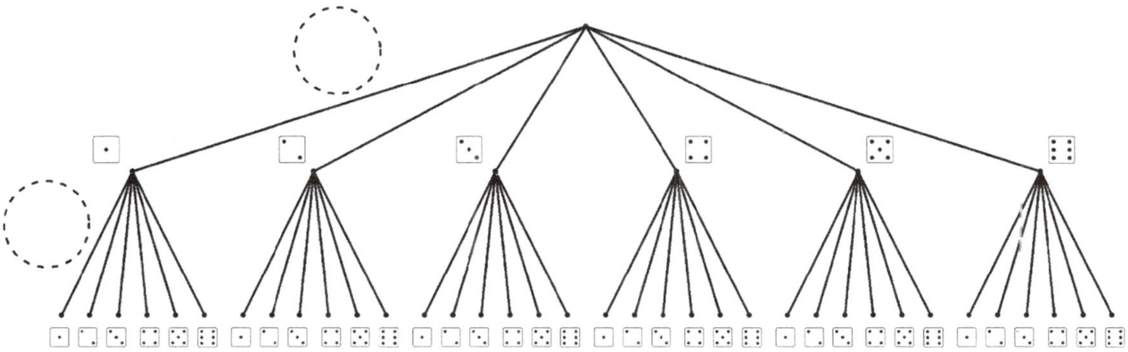

b) Bestimme die Wahrscheinlichkeit für die Augensumme „3“.

Hannah behauptet, dass beim Würfeln mit zwei Würfeln die Augensumme „4“ häufiger erscheint als die Augensumme „3“.

c) Hat Hannah recht? Begründe.

Wahlteil 2018

(40 Punkte)

Von den vier Wahlaufgaben sind zwei zu bearbeiten.

Wahlaufgabe 1

(10 P)

Das Kunstwerk „Giant Pool Balls“ in Münster soll restauriert werden. Dafür sollen die Hohlkugeln mit einem LKW abtransportiert werden.

a) Begründe mithilfe des Bildes, dass eine Hohlkugel einen Außendurchmesser von 350 cm hat.

b) Berechne das Volumen der Wand einer Hohlkugel.

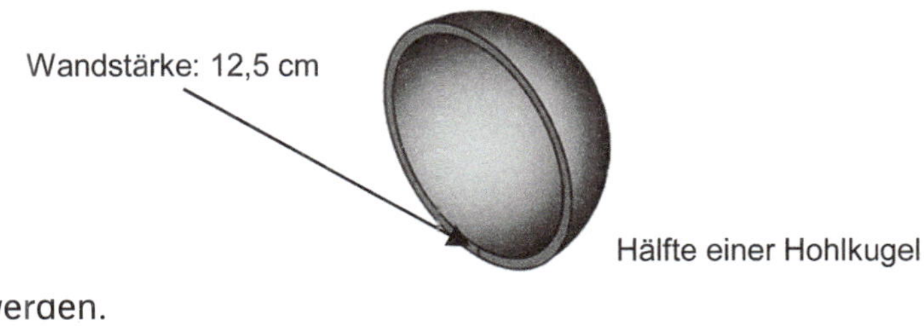

Ein LKW darf mit maximal 10 t beladen werden.

c) Berechne die Masse der Wand einer Hohlkugel mit $\rho_{Beton} = 2{,}6\ \frac{g}{cm^3}$.
Entscheide, ob die Hohlkugel mit dem LKW transportiert werden darf.
(Solltest du Teilaufgabe b) nicht gelöst haben, rechne mit $V = 4\,200\,000\ cm^3$ weiter.)

Bei einer anderen Hohlkugel ist der Innenradius r_i halb so groß wie der Außenradius r_a.

d) Stelle eine allgemeine Formel für die Berechnung des Volumens der Wand dieser Hohlkugel in Abhängigkeit von r_a auf. Fasse die Formel soweit wie möglich zusammen.

Wahlaufgabe 2

(10 P)

Peter baut für ein Schulfest ein Glücksrad. Er teilt die Drehscheibe in 15 gleich große Felder ein.

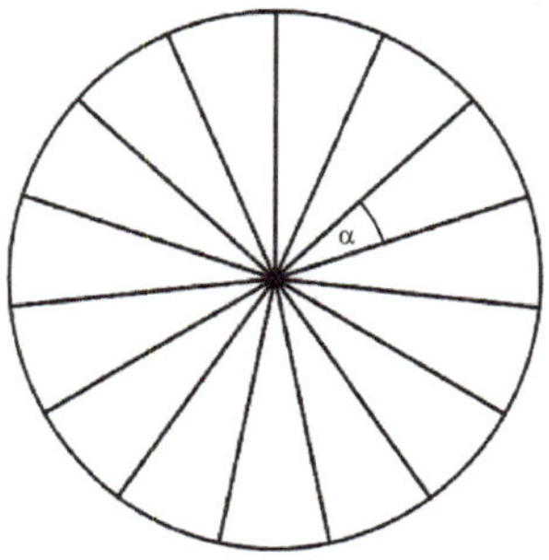

a) Berechne den Mittelpunktswinkel α.

Auf dem Glücksrad werden die Felder grau oder weiß gefärbt.

b) Färbe auf dem Glücksrad so viele Felder grau, dass die Wahrscheinlichkeit für „grau" 20 % beträgt.

c) Zeichne ein vollständiges und beschriftetes Baumdiagramm für zweimaliges Drehen des Glücksrades.

d) Berechne die Wahrscheinlichkeit, dass das Glücksrad bei zweimaligem Drehen mindestens einmal bei „grau" stehen bleibt.

Peter möchte noch ein weiteres Glückspiel anbieten. Er hat dafür eine Urne, 10 weiße und 5 graue Kugeln zur Verfügung. Die Wahrscheinlichkeit, eine graue Kugel zu ziehen, soll ebenfalls 20 % betragen.

e) Beschreibe, wie Peter das Glücksspiel vorbereiten muss.

Wahlaufgabe 3

(10 P)

Ein Baggersee hat eine Größe von 950 m^2 und soll zum Baden genutzt werden. Die Wasserqualität wird regelmäßig untersucht, dabei wird eine Algenart genauer beobachtet.

Zu Beginn der Beobachtung ist der Baggersee mit einem 50 m^2 großen Algenteppich bedeckt. Man hat festgestellt, dass sich der Algenteppich jede Woche um 50 % vermehrt.

a) Vervollständige die Tabelle.

Zeit x (in Wochen)	0	1	2	3	4	5
Fläche y (in m^2)	50			168,75		

b) Zeichne den Graphen in ein Koordinatensystem.
(Wähle bei der x-Achse 1 cm für 1 Woche und bei der y-Achse 1 cm für 100 m^2.)

c) Bestimme, nach wie vielen Wochen der See komplett zugewachsen ist.

d) Stelle das Algenwachstum als Funktionsgleichung dar.

e) Berechne die Größe des Algenteppichs 2 Tage nach Beobachtungsbeginn.

Wahlaufgabe 4

(10 P)

Die Flugbahn des Basketballs kann mit der Funktionsgleichung $y = -0{,}4x^2 + 2{,}3x + 2$ beschrieben werden.

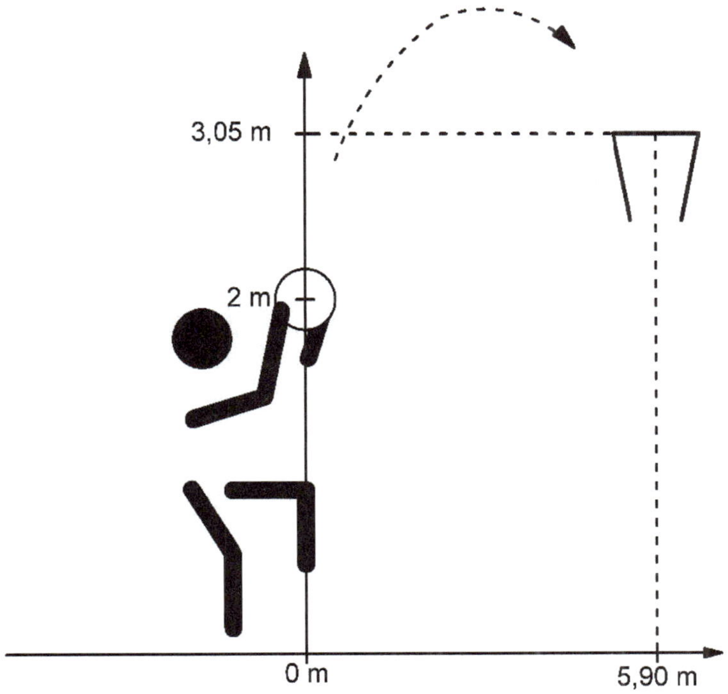

a) Ergänze die Tabelle.

horizontale Entfernung x (in m)	0	1	2	3	4	5	6
Höhe über dem Boden y (in m)	2	3,9		5,3	4,8		1,4

b) Zeichne die Flugbahn des Balls.
(Wähle bei den Achsen 1 cm für 1 m.)

c) Trifft der Basketballspieler den Korb? Begründe deine Antwort mithilfe einer Rechnung.

d) Der Basketball wird mit der gleichen Flugbahn ins Aus geworfen. Berechne, wie weit vom Abwurfpunkt der Ball auf den Boden fällt.

Abschlussprüfung Niedersachsen Realschulabschluss 2017

Abschlussprüfung 2017 zum Erwerb des Sekundarschulabschlusses I, Realschule
Bearbeitungszeit für die gesamte Prüfung 150 min

Allgemeiner Teil 2017 (28 Punkte)

Die Aufgaben im allgemeinen Teil sind ohne Taschenrechner zu lösen.

1. Berechne. (3 P)

a) 20,45 + 1,6 = b) 32 − 40 = c) $\frac{3}{4}$ von 48 =

2. Berechne. (3 P)

a) 12 % von 500 kg b) 15 € sind 20 %. Wie viel sind 100 %?

3. 5 Brötchen kosten 3,50 €. (2 P)
Berechne, wie viel 8 Brötchen kosten.

8 Brötchen kosten ______________ €.

4. 4 Pumpen brauchen 10 Stunden, um ein Schwimmbecken leer zu pumpen. (2 P)
Berechne, wie lange 5 Pumpen benötigen.

5 Pumpen benötigen ______________ Stunden.

5. Wie heißen die gekennzeichneten Zahlen? Notiere jeweils die Zahl auf der Linie über dem Pfeil. (2 P)

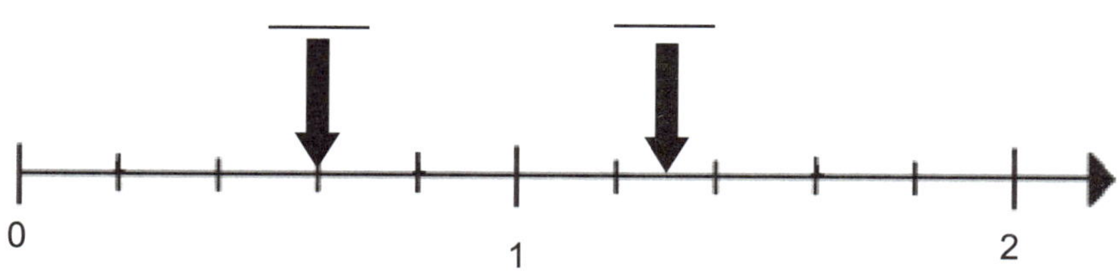

6. Der Würfel wurde bis zur Hälfte in Farbe getaucht. (2 P)
Ergänze das Würfelnetz, indem du die entsprechenden Teilflächen einfärbst.

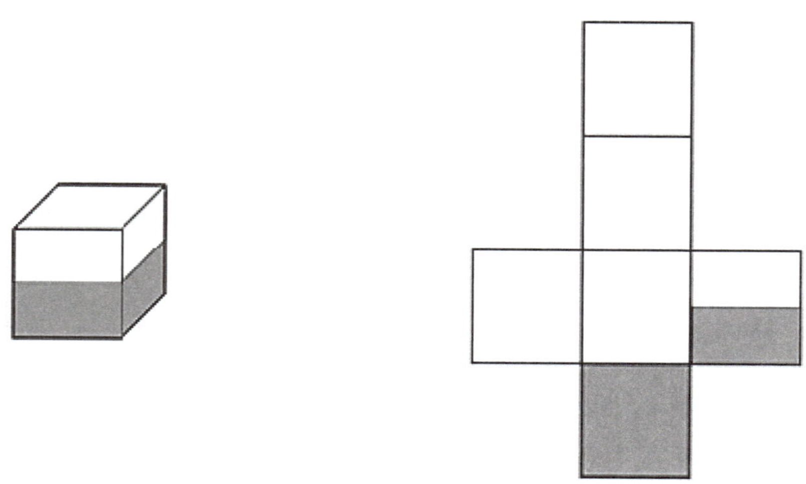

7. Löse die Gleichung: $3x + 8 = 24 - x$ (2 P)

8. Berechne den Flächeninhalt der abgebildeten Fläche. (3 P)

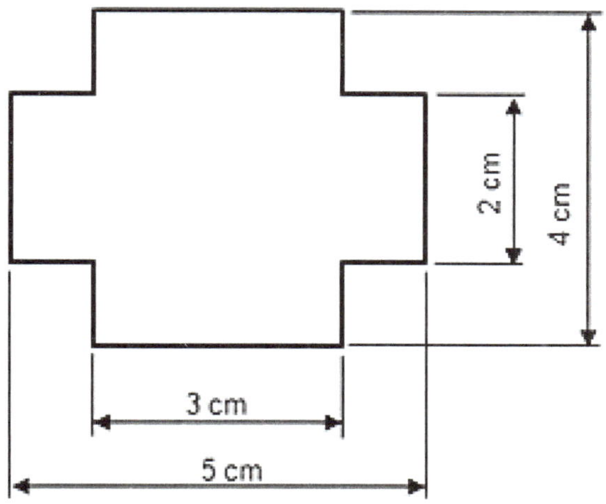

(Zeichnung nicht maßstäblich)

Der Flächeninhalt beträgt ______________ cm^2.

9. Die Abbildung zeigt das Höhenprofil einer Fahrradtour. (5 P)

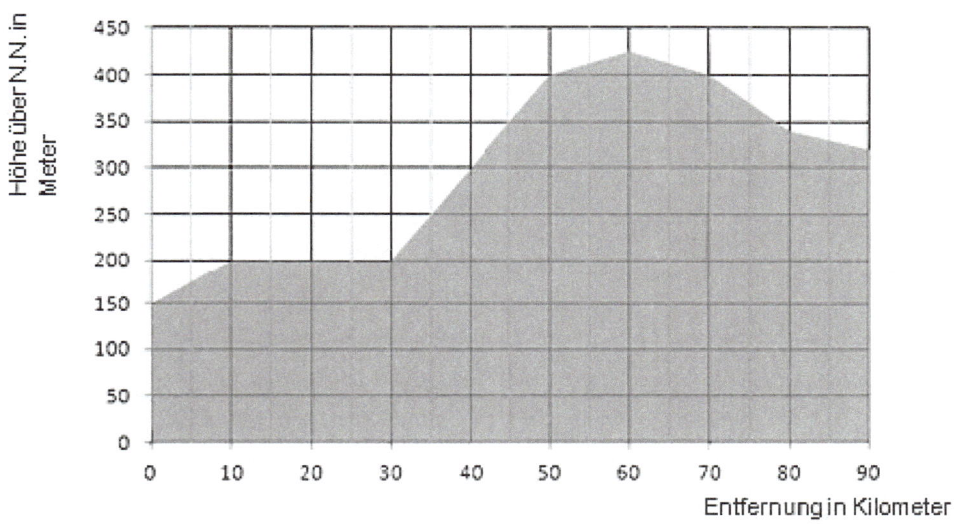

a) Kreuze an, welche der nachfolgenden Aussagen wahr oder falsch sind oder mit den vorliegenden Angaben nicht geklärt werden können.

	wahr	falsch	keine Aussage möglich
Der steilste Anstieg der Fahrradtour befindet sich zwischen Kilometer 30 und Kilometer 50.			
Der Abschnitt zwischen Kilometer 50 und Kilometer 60 ist der kurvenreichste Teil der Strecke.			
Auf der gesamten Länge der Fahrradtour geht es entweder bergauf oder bergab.			

b) Andy behauptet: „Die Fahrradtour beginnt und endet am selben Punkt."
Stimmt seine Aussage? Begründe deine Antwort.

____

____

10. Zwei Strahlen werden von zwei Parallelen geschnitten. (2 P)
Notiere die Größe der Winkel α und β.

(Zeichnung nicht maßstäblich)

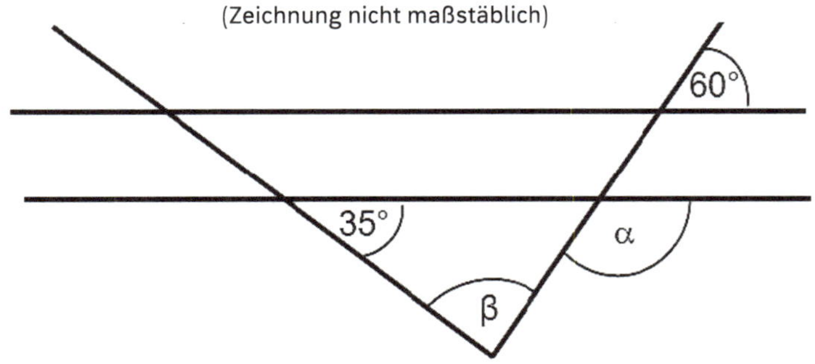

a) α = ______________ °

b) β = ______________ °

11. In den abgebildeten Urnen befinden sich schwarze und weiße Kugeln. (2 P)

a) Aus der nebenstehenden Urne 1 soll eine weiße Kugel gezogen werden.

Bestimme die Wahrscheinlichkeit.

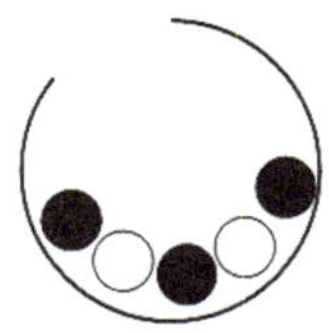

Urne 1

b) In die unten abgebildete Urne 2 sollen noch graue Kugeln gelegt werden.
Zeichne so viele graue Kugeln in die Urne, dass die Wahrscheinlichkeit für „grau" $\frac{1}{2}$ beträgt.

Urne 2

Hauptteil mit Wahlaufgaben 2017

(76 Punkte)

(Hinweise: Runde die Endergebnisse auf 2 Stellen hinter dem Komma. Schreibe deine Lösungswege ausführlich auf. Du darfst auch den Taschenrechner benutzen.)

1. Das folgende Diagramm zeigt die Sitzverteilung im niedersächsischen Landtag nach den Landtagswahlen 2013 (Partei; Anzahl der Sitze): (4 P)

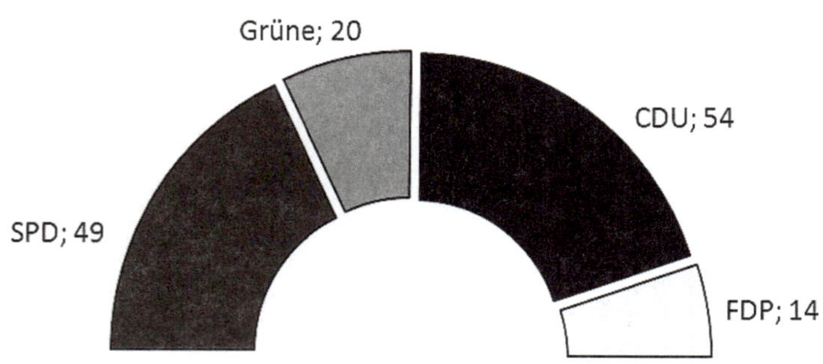

a) Zeichne zur Sitzverteilung ein Säulendiagramm.

b) Bestimme den prozentualen Anteil der stärksten Partei im Landtag.

2. Zum zehnten Geburtstag legt Tims Oma ein Führerscheinkonto bei ihrer Bank an. Sie zahlt 1500 € ein. Die Bank verzinst dieses Geld mit einem Festzinssatz von jährlich 0,7 %. Bis zu Tims 17. Geburtstag gibt es keine weiteren Ein- und Auszahlungen. (5 P)

a) Berechne die Zinsen für das erste Jahr.

Tim rechnet für seine Fahrschulausbildung mit Gesamtkosten von 1600 €.

b) Kann er diese mit dem Geld vom Führerscheinkonto bezahlen?
Begründe mit einer passenden Rechnung.

3. Auch Nele möchte eine Fahrschulausbildung machen. Die Fahrschule „Blitz“ macht Nele folgendes Angebot: Grundgebühren 460 €, Kosten für eine Fahrstunde 40 € (7 P)

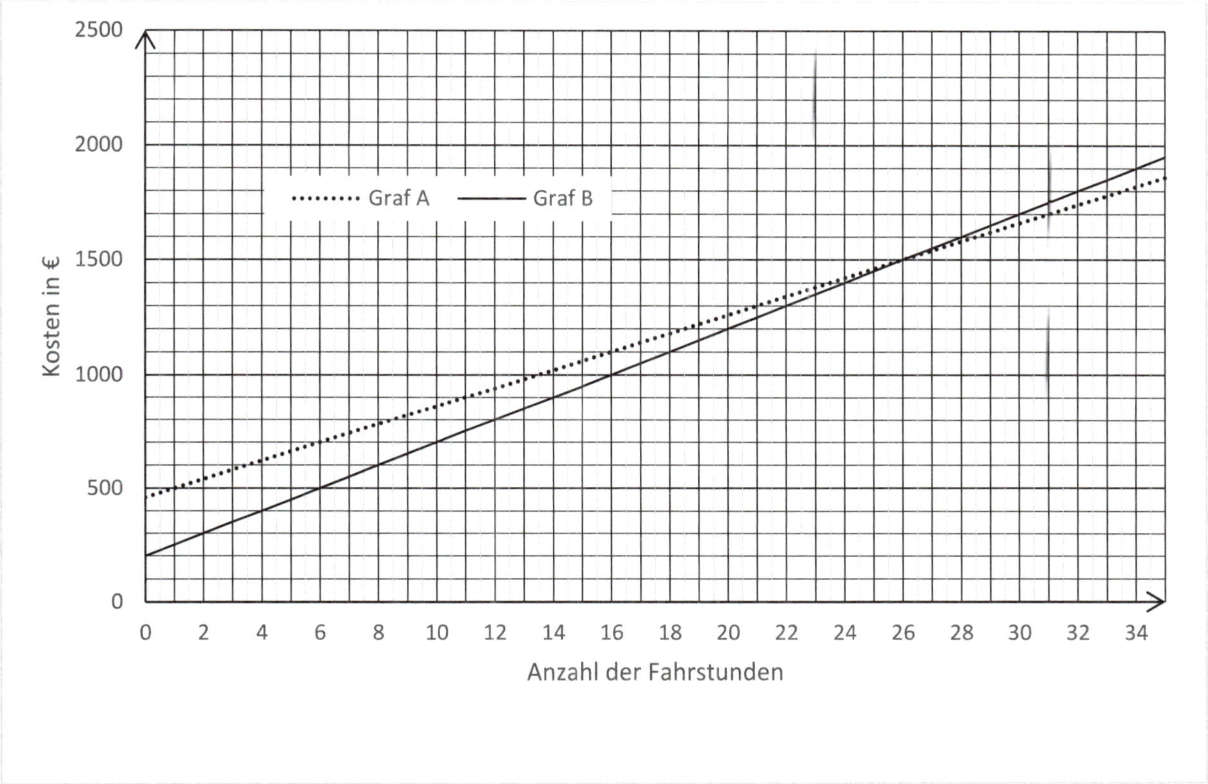

a) Gib an, welcher der beiden Grafen im Diagramm zu diesem Angebot gehört.
Begründe.

Im Diagramm stellt der andere Graf das Angebot der Fahrschule „Engel“ dar.

b) Ermittle die Kosten für eine Fahrstunde bei der Fahrschule „Engel“.

c) Gib an, für wie viele Fahrstunden welches Angebot günstiger ist.

Nele würde ihre Fahrschulausbildung gerne in der Ferienfahrschule „Holiday“ machen. Jede Fahrstunde kostet dort nur 30 €, die Grundgebühren betragen jedoch 800 €.

d) Zeichne den zugehörigen Grafen in das Diagramm ein.

e) Stelle das Angebot der Fahrschule „Holiday“ als Funktionsgleichung in der Form y = mx + b dar.

4. Löse das Gleichungssystem. (3 P)

$$\begin{aligned} \text{I} \quad 6x + 12y &= 30 \\ \text{II} \quad 3x + 3y &= 9 \end{aligned}$$

5. Im Folgenden siehst du eine zusammengesetzte Figur. (2 P)

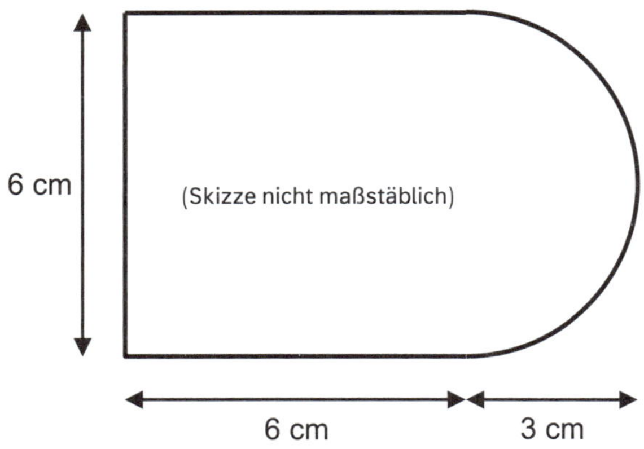

Berechne den Flächeninhalt.

6. Ein Würfel mit der Kantenlänge a = 10 cm wird geschmolzen. Aus der gesamten Schmelze wird eine Kugel gegossen. (4 P)

(Skizze nicht maßstäblich)

Berechne den Radius der Kugel.

7. Eine Brücke wird von 6 Seilen gehalten. Die Seile sind in jeweils gleichen Abständen am Pfeiler und in jeweils gleichen Abständen an der Fahrbahn befestigt. (6 P)

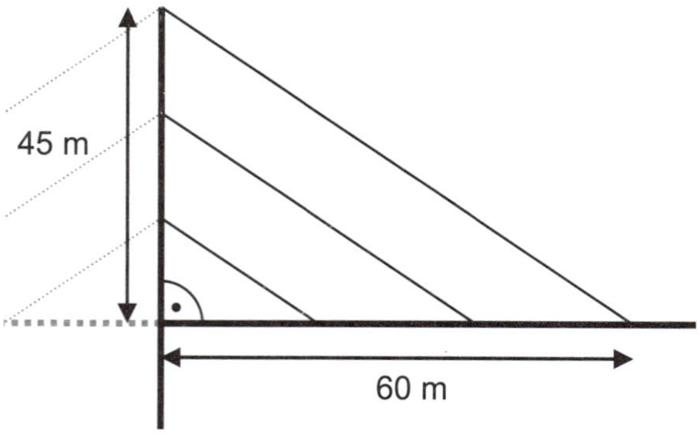

(Skizze nicht maßstäblich)

a) Berechne die Länge des längsten Seiles.

b) Unter welchem Winkel trifft dieses Seil auf die Fahrbahn? Berechne.

c) Warum treffen alle Seile im gleichen Winkel auf die Fahrbahn? Begründe.

8. Matthias bekommt im Krankenhaus eine 500-mℓ-Infusion eines Medikamentes. (5 P)
Sein Körper baut alle 8 Stunden jeweils die Hälfte dieses Medikamentes ab.

a) Vervollständige die Tabelle.

Zeit (in h)	0	8	16				48
Menge (in mℓ)	500						

b) Gib die Menge des Medikamentes nach genau einem Tag an.

c) Matthias darf das Krankenhaus erst verlassen, wenn weniger als 1 mℓ des Medikamentes nachgewiesen werden kann.
Bestimme, nach wie vielen Tagen er entlassen werden darf.

d) Matthias berechnet mit der Gleichung $G_{48} = 500 \cdot \left(\frac{1}{2}\right)^{48}$ die Menge des Medikamentes nach zwei Tagen. Beim Einsetzen der Zahlen macht er einen Denkfehler.
Schreibe die Gleichung richtig auf.

Wahlteil 2017

Von den Wahlaufgaben sind zwei zu bearbeiten.

Wahlaufgabe: W1

(10 P)

In einer Lostrommel sind 1000 Lose. Davon sind 50 Lose Gewinne (G) und 950 Lose Nieten (N).

a) Gib die Gewinnchance für die erste Ziehung in Prozent an.

Es wird zweimal ohne Zurücklegen gezogen.

b) Ergänze im folgenden Baumdiagramm in den Kreisen die Wahrscheinlichkeiten.
Verwende Brüche.

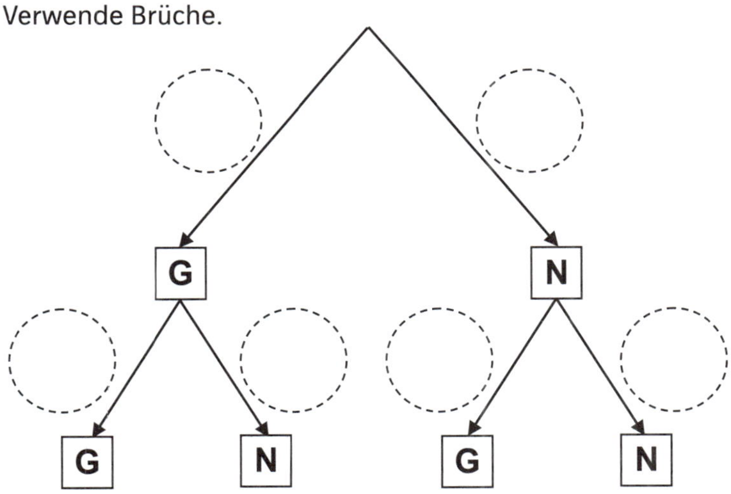

c) Berechne die Wahrscheinlichkeit, dass zwei Gewinnlose gezogen werden.
Gib das Ergebnis in Prozent oder als Bruch an.

d) Berechne die Wahrscheinlichkeit, dass mindestens ein Gewinnlos gezogen wird.
Gib das Ergebnis in Prozent oder als Bruch an.

e) In den ersten beiden Ziehungen werden zwei Nieten gezogen.
Bestimme, wie viele weitere Nieten jetzt noch gezogen werden müssen, damit die Gewinnchance auf 10 % ansteigt.

Wahlaufgabe: W2

(10 P)

Die Abbildungen zeigen einen Stahlbolzen.

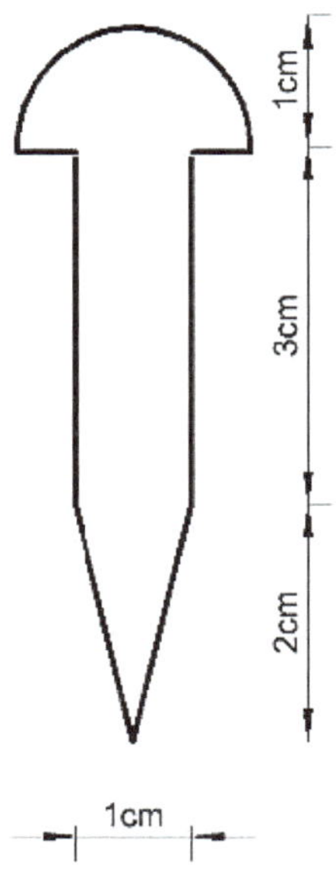

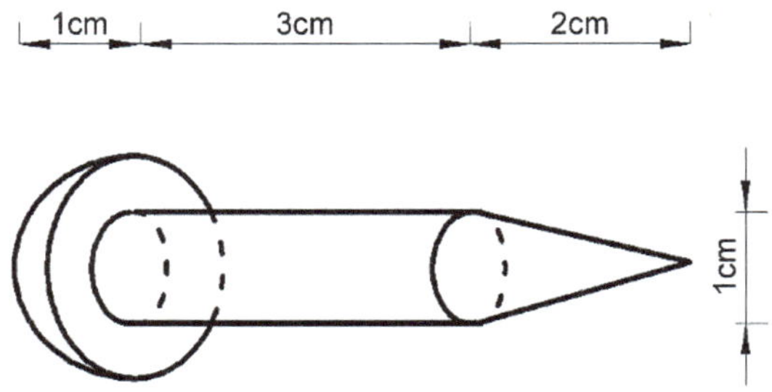

a) Berechne das Volumen V dieses Stahlbolzens.

b) Berechne die Masse m dieses Stahlbolzens mit $\rho = 7{,}9\,\frac{g}{cm^3}$.

(Solltest du Teilaufgabe a) nicht gelöst haben, rechne mit $V = 5{,}74\ cm^3$ weiter.)

c) Stelle für einen anderen – unter diesem Text abgebildeten – Stahlbolzen eine allgemeine Volumenformel in Abhängigkeit von x auf und fasse sie soweit wie möglich zusammen.

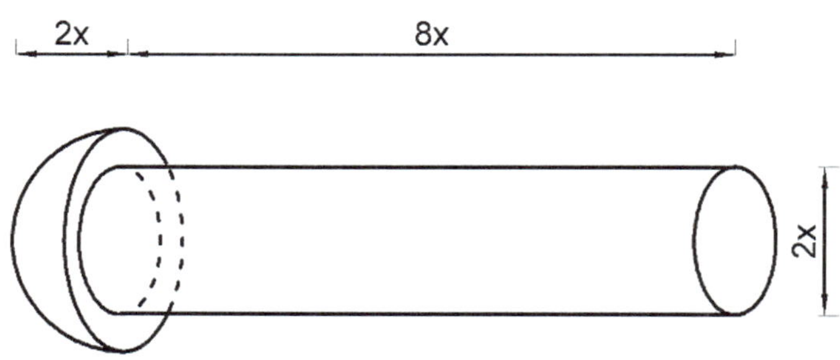

Wahlaufgabe: W3

(10 P)

Fabian lässt eine Feuerwerksrakete steigen. Die Rakete hat näherungsweise die Flugbahn einer Parabel mit folgender Gleichung: $y = -0{,}1x^2 + 5{,}5x$

a) Vervollständige die Wertetabelle.

Weite x (in m)	0	10	20	30	40	50
Höhe y (in m)		45			60	

b) Zeichne die Flugparabel der Rakete in ein Koordinatensystem. Wähle bei den Achsen 1 cm für 10 m.

c) Berechne, wie weit vom Startpunkt entfernt die Rakete auf den Boden fällt.

d) Berechne die maximale Flughöhe der Rakete. (Solltest du Teilaufgabe c) nicht gelöst haben, rechne mit einer Entfernung von 57 m weiter.)

Wahlaufgabe: W4

(10 P)

In der Mikrobiologie werden Wachstumsphasen in einer Bakterienkultur vereinfacht so beschrieben:

1. Phase	Exponentielles Wachstum
2. Phase	Gleichgewicht zwischen Wachstum und Absterben
3. Phase	Die Bakterien sterben ab.

a) Welcher Graph beschreibt dieses Verhalten? Kreuze an.

○ 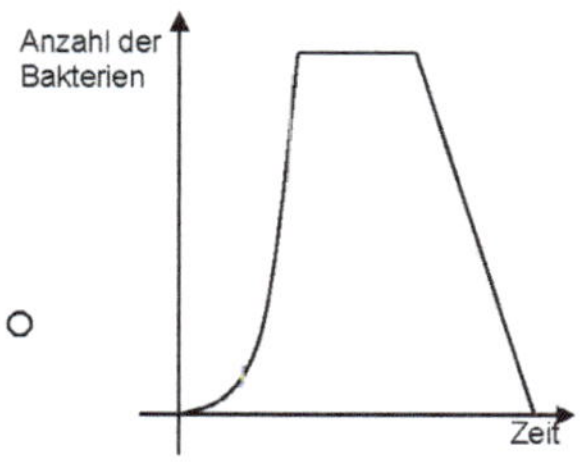

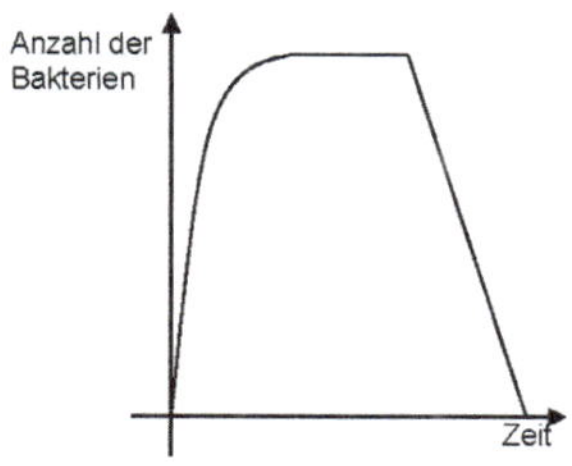

○

○ 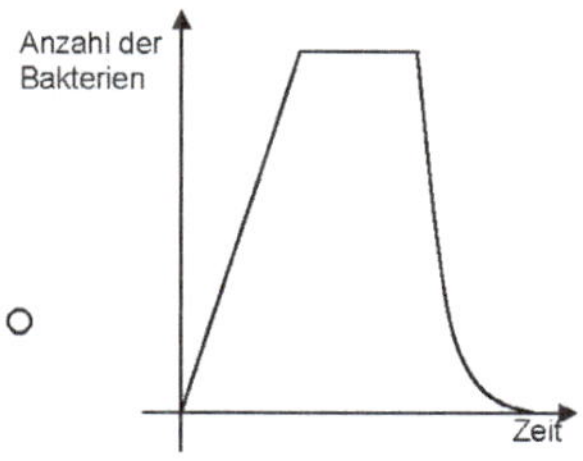

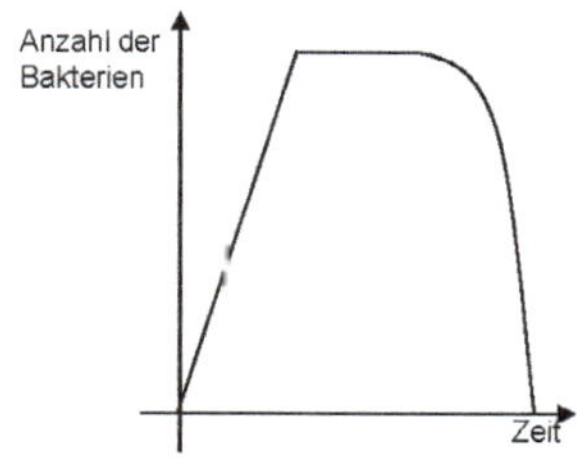

○

In der Phase des exponentiellen Wachstums verdoppelt sich die Bakterienzahl in regelmäßigen Abständen. Die Verdoppelungszeit nennt man Generationszeit.

b) Vervollständige die Tabelle.

Generationszeit	0	1	2	3		
Anzahl der Bakerien	1000					

c) Zeichne den passenden Graphen.

d) Erstelle die Funktionsgleichung.

Bei speziellen Bakterien beträgt eine Generationszeit (also Verdopplungszeit) 15 min.

e) Bestimme, nach wie vielen Minuten 20000 Bakterien vorhanden sind. (Tipp: Du kannst deinen Graphen verwenden.)

f) Berechne die Anzahl der Bakterien eine $\frac{3}{4}$-Stunde vor Beobachtungsbeginn.

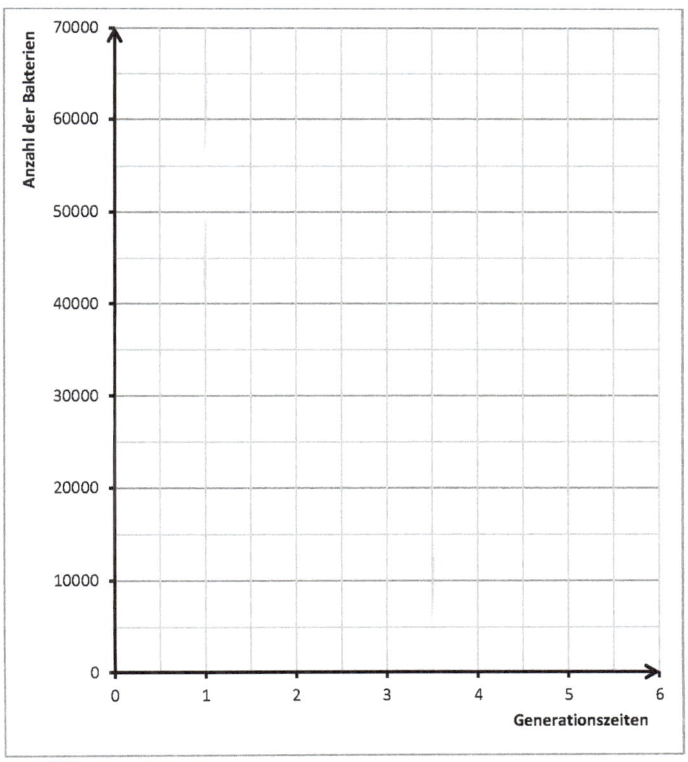

Stichwortverzeichnis